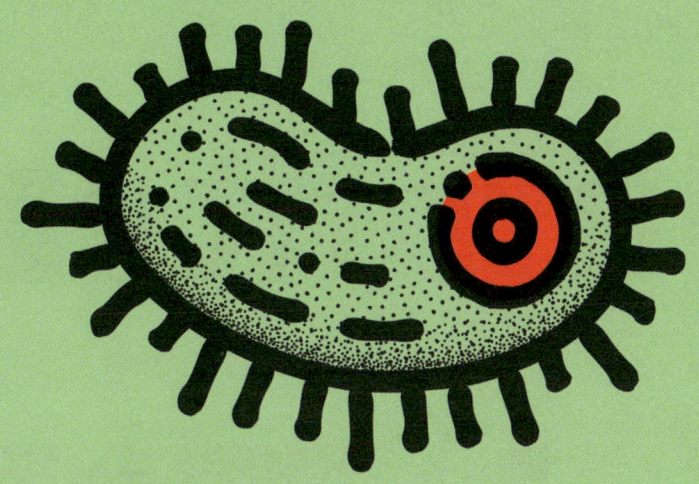

奇趣生物馆

INTERESTING BIOLOGY

中国科普研究所
科学媒介中心 / 编著

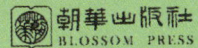

contents 目录

第 1 章 万万没想到

1-1　蜗牛也有左撇子 ……002

1-2　蜜蜂竟然懂艺术 ……004

1-3　蚂蚁会为自己治病 ……008

1-4　蜘蛛宝宝竟然也喝奶 ……011

1-5　黑猩猩也有种群文化 ……015

1-6　蝴蝶不会记得自己是毛毛虫变的 ……020

1-7　树鼩也爱吃辣 ……025

1-8　会走路的鱼 ……030

2-1　斑马是黑斑纹白马还是白斑纹黑马？……036
2-2　鸟是怎么看路的？……039
2-3　鸟类的性别由何决定？……043
2-4　狗喜欢旅行吗？……049
2-5　狗是如何读懂人类情绪的？……054
2-6　青蛙靠什么躲避天敌？……059
2-7　壁虎的脚掌有什么神奇之处？……065

第 **2** 章

动物冷知识

3-1　真有吃人的植物吗？ ……072

3-2　果实想被吃掉吗？ ……076

3-3　苹果的起源 ……080

3-4　五颜六色的毒蘑菇 ……085

3-5　茄科植物真的有毒吗？ ……090

3-6　海草：沉船宝藏的守护者 ……093

3-7　珊瑚得了白化病还能自救吗？ ……098

第3章　植物大本营

第4章 十万个为什么

- 4-1　为什么有的动物会有粉红色耳朵？……106
- 4-2　人类的近亲——猿为什么不会说话？……111
- 4-3　猫咪睡觉时为什么把身体蜷成一团？……118
- 4-4　为什么猫爪子上有"白手套"？……122
- 4-5　恐龙缘何种类繁多？……127
- 4-6　猛犸象为何灭绝？……139
- 4-7　萤火虫为何会发光？……145

第 1 章
万万没想到

1-1 蜗牛也有左撇子

蜗牛也有左撇子，你相信吗？也许你会说，蜗牛连手都没有，怎么区分它是不是左撇子呢？确实，蜗牛属于软体动物，没有明显的肢体动作来表达自己对于"左"或"右"的习惯，但科学家通过观察蜗牛壳上的螺纹发现，在已知的 7 万种蜗牛中，右旋螺纹占了绝大多数，只有大约 5% 是左旋螺纹，这 5% 就是蜗牛家族中的左撇子。

蜗牛

曾有一项研究表明：决定蜗牛壳上的螺纹是左旋还是右旋的，是一种名叫 Nodal 的基因。Nodal 基因在蜗牛受精卵分裂成 4 个细胞时开始起作用，如果将这个基因摘除，不让它起作用，那么蜗牛壳上的螺旋花纹就会消失。

我们人类也有左撇子和右撇子之分。如果你是左撇子，那么你就是人群中只占十分之一的"少数派"。在学习、生活中，也许不少左撇子都曾遭遇过一些尴尬，比如，吃饭的时候总和左边的人"打架"，用左手从左往右写字时手指会蹭花刚刚写下的字，羽毛球双打

"偏侧优势"发现者白洛嘉

时很难找到搭档……但是,正因为是"少数派",左撇子在某些领域也有着天生的优势。比如,在体育竞赛中,左撇子击剑手、棒球投球手、拳击手,相比实力相当的右撇子选手,更容易获得胜利。可见,左撇子并不是什么缺陷,而是正常的遗传现象,科学家称它为"偏侧优势"。

1-2 蜜蜂竟然懂艺术

蜜蜂是一种聪明的昆虫，不仅拥有出色的"导航"技巧，而且可以通过舞蹈语言进行交流。科学家已经证实，蜜蜂是唯一被证明可以学习抽象概念的昆虫。

如今蜜蜂有了一个新身份，那就是昆虫界的"艺术鉴赏家"。在最近的"澳大利亚蜜蜂挑战大赛"中，研究者发现，蜜蜂在一个下午就学会了如何区分欧洲和澳大利亚的艺术风格。实验结果显示，蜜蜂可以快速地学习如何处理非常复杂的信息。

设计实验检验蜜蜂的艺术品位

研究人员准备了两组风格迥异的名人画作各四张：一组是法国印象派大师克劳德·莫奈的，其中包括著名的《吉维尼花园的日本古

克劳德·莫奈《吉维尼花园的日本古桥》

蜜蜂

桥》；另外一组是当代澳大利亚艺术家马拉威利的。

首先，研究员在马拉威利的画作中央滴了糖水，味道是甜的；而在莫奈的画上滴了稀释过的奎宁，奎宁没有害处，但味道很苦。经过一番尝试和训练后，蜜蜂都知道了在马拉威利的画作上才有"甜头"吃。

然后研究人员又准备了两位艺术家的另外两组画作，蜜蜂之前都没有见到过，但它们却未经尝试而直接飞向了马拉威利的画作中央。

在此之前，研究人员还训练过蜜蜂区分莫奈和毕加索的绘画作品。

蜜蜂竟然懂艺术

1-2

005

蜜蜂的学习能力和视觉处理系统

该实验并没有表明蜜蜂具有鉴赏艺术的能力,但它表明了蜜蜂在分类视觉信息方面是优秀的。不同的艺术家(如莫奈、毕加索和马拉威利)在艺术中倾向于使用不同形式的构图以及不同的色调,这是每个艺术家独特的风格,这些风格对人类来说是可识别的。

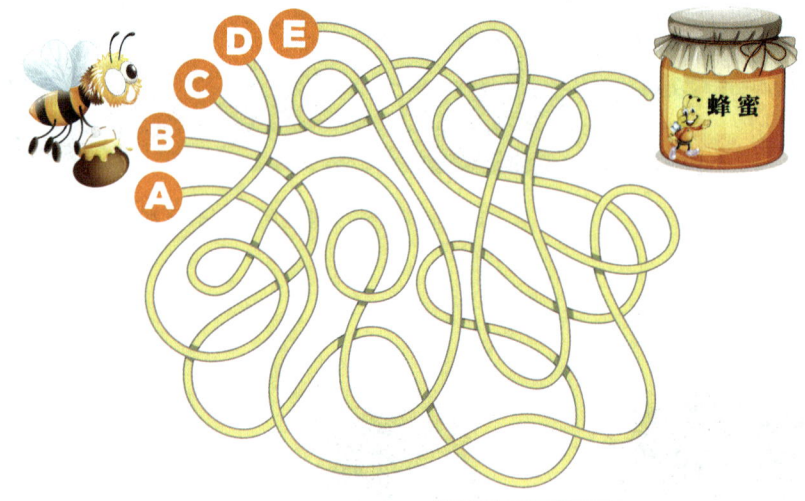

蜜蜂有优秀的视觉信息分类能力

当蜜蜂进行鉴别训练时,它们每一次鉴赏莫奈的作品都是一次痛苦的经历,而每一次"品尝"马拉威利的作品都是甜蜜的体验。这促使蜜蜂学会如何区分艺术画作的差异性,从而正确地区别莫奈和马拉威利的画作。

蜜蜂的大脑神经元虽然只有100万个左右,但这不等于蜜蜂大脑不能做高级的信息处理。上述实验表明蜜蜂的大脑有识别不同艺术风格画作的能力,科学家推测这可能跟它们的视觉处理系统有关。蜜蜂能看见紫外线,而且能在处理视觉图像时飞来飞去,检测对象的结构和边缘,并比较其亮度,研究人员推测这就是蜜蜂具有"鉴赏力"的神经网络基础。

艺术与鲜花的相似之处

众所周知,蜜蜂的生存能力高低取决于它们是否能分辨哪些花可能提供最好的花粉和花蜜。正因为如此,蜜蜂已经开发出能够快速处理复杂而微妙的视觉信息的能力。

当蜜蜂在花上觅食时,它的这些能力就会展现出来。蜜蜂能够快速地学会如何区分新鲜和枯萎的花朵,无论是颜色、气味还是质地有多大差异,它们都可以很容易地发现含有花蜜的花朵。

昆虫给我们的印象一般是愚蠢的、受本能驱动的动物,蜜蜂打破了我们的这种观念。昆虫也许具有与我们截然不同的智慧和能力,我们有时也会羡慕这些聪明和有辨别力的生物。

蜜蜂采蜜

1-3 蚂蚁会为自己治病

蚂蚁是一种神奇的动物。即便它们的大脑比一粒沙子还要小,但它们知道在生病时如何利用环境中的化学物质让自己好过一点儿。

蚂蚁如何治病

如果一只蚂蚁不小心碰到了某种真菌的孢子（像种子一样），一种球孢白僵菌就会开始在蚂蚁体内生长。很快，它就会病得很严重。

蚂蚁会通过饮用少量的化学物质将体内的真菌杀死，这种化学物质被称作过氧化氢。

蚂蚁

过氧化氢存在于很多蚂蚁喜欢的两种食物——花蜜与蜜露中。花蜜来自鲜花，而蜜露则是一种"迷你"昆虫——蚜虫所产生的含糖液体。蚂蚁喜欢收集蚜虫，甚至开起了"蚜虫农场"。

蚂蚁实验

蚂蚁自救实验

你可能会想,科学家们怎么知道蚂蚁会通过饮用过氧化氢来自救呢?毕竟,人们很难观察到野生蚁穴中发生的一切。

科学家设计了一个很精巧的实验,他们给生病的蚂蚁和健康的蚂蚁分别提供了含有过氧化氢的蜂蜜水和普通蜂蜜水。

生病的蚂蚁更倾向于饮用含有过氧化氢的蜂蜜水,而健康的蚂蚁更愿意喝普通蜂蜜水。饮用含过氧化氢蜂蜜水的患病蚂蚁更有可能康复。也就是说,患病蚂蚁会选择含有化学物质的食物,帮助自己抵抗细菌的侵袭。

第1章

切叶蚁如何给自己的食物治病

切叶蚁是利用药物治愈疾病的另一个代表。切叶蚁在南美洲丛林中很常见，它们往往是背着切下来的叶片排队前进，叶片在头顶举着，就像小绿伞。

这些切叶蚁并不直接食用叶片，而是将叶片捣成糊，然后用其喂养它们在小花园中种植的一种特殊真菌。菌圃对于蚁群而言非常重要，因为菌圃提供了蚁群几乎所有的食物。

有时菌圃会生病，这时候，"园丁"切叶蚁就会利用一种特殊的化学物质"抗生素"来帮助菌圃抵抗疾病。抗生素的作用是杀死让动物（包括人类）致病的细菌。当然，切叶蚁不可能直接去敲医生的门，或去药店买抗生素。因此，它们在自己身上培养了一种特殊的细菌。这种细菌能够产生抗生素，治愈真菌感染。这种能产生抗生素的友好细菌是白色的，因此，有些切叶蚁看起来就像全身撒上了糖霜。

切叶蚁

1-4 蜘蛛宝宝竟然也喝奶

一直以来，哺乳行为被认为是哺乳动物的"专利"。但是，我国科学家的发现打破了这一认识。他们对跳蛛的长期哺乳模式进行了研究，结果完全颠覆了人类以往对蜘蛛乃至无脊椎动物抚育行为的认知。

蜘蛛

蜘蛛宝宝居然也是吃奶的？

科学家发现，新孵化出的幼蛛会通过吸食母亲从生殖沟分泌出的液滴来生长发育，科学家称此液体为"蜘蛛乳汁"。经成分测定，"蜘蛛乳汁"的蛋白质含量是牛奶的4倍左右，而脂肪和糖类的含量则低于牛奶。

刚孵化的幼蛛在最初20天完全依赖乳汁存活，20日龄的幼蛛体长可以达到其母亲体长的一半左右。20~40天是"断奶"前的过渡期，

第1章

万万没想到

幼蛛体

幼蛛会自己外出捕猎，也会继续从母体吸食"乳汁"。大约从40日龄起，幼蛛完全断奶，而此时的幼蛛体长已经达到成年跳蛛体长的80%。

幼蛛断奶后不会离开母亲，而是继续回巢生活，甚至成年后的雌蛛后代仍继续和母亲生活在同一巢穴。但是当雄蛛成年后，母亲和其姐妹则会将成年的雄性个体驱赶离巢。

这是国际上发现的首例非哺乳动物通过哺乳养育后代的现象，与哺乳动物的哺乳行为极为相似。这为研究动物哺乳行为进化打开了一片新领域。

非哺乳动物的哺乳行为与亲代抚育

没错,在大家的印象中,哺乳行为是哺乳动物独有的——毕竟它们本来就是因为能通过乳腺分泌乳汁哺育后代而得名的。这一特征虽然一直被其他动物"模仿",但从来没有被超越。比如,一些鸟类(鸽子、企鹅、火烈鸟等)有类似"哺乳"的行为,不过它们没有乳腺,只能把喉咙下嗉囊分泌的营养丰富的"乳汁"经由喙吐出来喂养幼鸟。

科学家表示,大蚁蛛(一种跳蛛)会照顾成年之后的后代,表现出了超长的亲代抚育行为模式,而这种超长的亲代抚育行为曾被认为仅存在于寿命较长的高等社会性脊椎动物类群中,例如人类和大象。此两项发现(哺乳、超长亲代抚育)将激发科学家重新衡量和定位有关哺乳现象、哺乳行为,以及长期的亲代抚育在动物界,尤其是无

大蚁蛛

脊椎动物中的存在现状、进化历史和意义。大蚁蛛是独立哺乳动物系统进化而来的，此项发现会帮助科学家更好地了解亲代对后代长期哺乳行为的进化过程。

有的人脑洞大开：假如有一天超市里陈列着蜘蛛奶饮品的时候，你是否有勇气品尝一杯呢？

1-5 黑猩猩也有种群文化

遭遇人类，对黑猩猩来说通常是个坏消息。伐木、狩猎和传染病等已经将西非和中非的黑猩猩种群推向灭绝的边缘。现在，一项新的研究表明，人类活动也可能剥夺剩余的黑猩猩种群的内部文化。

黑猩猩

人类活动对黑猩猩文化行为传承的影响

黑猩猩有一些非常灵巧的行为，例如使用工具来打开坚果或收集白蚁，这些行为如同人类文化一样代代传承。科学研究表明，执行这些行为要求动物在生存方面具有至关重要的适应性，而生活在人类周围的黑猩猩群体已很少能表现出这些行为，因此有必要建立"黑猩猩文化遗址"来保护黑猩猩的此类关键行为。

科学家表示，许多保护工作都集中在物种多样性和遗传多样性上，但我们也需要关注物种的文化多样性。

近20年前，动物学家提出，栖息地被破坏和偷猎等人类活动造成的影响，可能会消除黑猩猩的关键行为。例如，当某种关键资源，如

使用工具的黑猩猩

可乐果，变得稀缺，或者缺少有经验的群体成员来传递这种行为时，动物种群可能会失去其重要传统。不过要检验这个假设的正确性非常困难，因为需要收集足够的数据。

最新的量化研究

近期一项针对144个黑猩猩种群的行为编目研究表明，动物学家的假设是正确的。科学家收集了之前从未研究过的46个黑猩猩种群的行为数据，并统计出31种被视作文化的行为，他们发现：有一座国家公园的黑猩猩因捕捞藻类而闻名，其他某个地方的黑猩猩会打破坚果，采取某些方法狩猎，或者去钓白蚁。

群居的黑猩猩

第 1 章

万万没想到

黑猩猩母子

　　科学家认为，黑猩猩离人类的活动越近，就越不可能表现出文化行为。对于生活在受到人类较大影响地区的黑猩猩种群，发生某种特定文化行为的概率平均下降了88%。远离人类影响的种群可能表现出15~20种文化行为，而受到人类影响的群体只表现出2~3种。

关注动物种群文化

　　此前，动物学家指出，人类活动会威胁到黑猩猩的文化行为，可能的途径有无数种——从减少动物的数量（限制动物的社交联系和分享技能的机会），到隔离黑猩猩种群（限制其种群之间的交往）。不过目前还没有受人类影响的黑猩猩种群的长期数据，因此结论仍然是暂定的。科学家指出，黑猩猩的某些文化传统会因坚果生长、歉收等自然循环而衰落，这些行为极其脆弱。在坚果稀缺的年代，年轻的黑猩猩不会去学习如何打破坚果并食用它们。如果某个黑猩猩种群失去了关键成员，那这些行为将在整个种群中失传。

科学家的研究结果支持了最近的呼吁，它让我们认识到种群的文化特征，并将其纳入计划以帮助保护濒危的动物种群——包括大猩猩、鲸鱼、海豚、大象和候鸟。

第1章

万万没想到

1-6 蝴蝶不会记得自己是毛毛虫变的

当丑陋的毛毛虫变成美丽的蝴蝶时,是否还会记得自己曾经是一条毛毛虫?听到问题的你恐怕也会好奇。

其实,科学家已经进行过这方面的研究。研究表明:蝴蝶或飞蛾不太可能记得自己曾经是毛毛虫,但是它们可能会记住自己作为毛毛虫时学到的一些本领。

蝴蝶

1-6

蝴蝶不会记得自己是毛毛虫变的

毛毛虫

从"丑小鸭"到"白天鹅"的蜕变

　　毛毛虫在蛹内的蜕变听起来令人毛骨悚然。因为在蛹内，毛毛虫的身体变成了液体，随后才变成了蝴蝶或飞蛾（成虫阶段）。蛹内部的变化是缓慢而渐进的，毛毛虫在蛹中首先会被用来消化食物的酶分解为细胞质，然后再分化出各个器官。这个过程称得上一次真正意义上的重生。

第1章 万万没想到

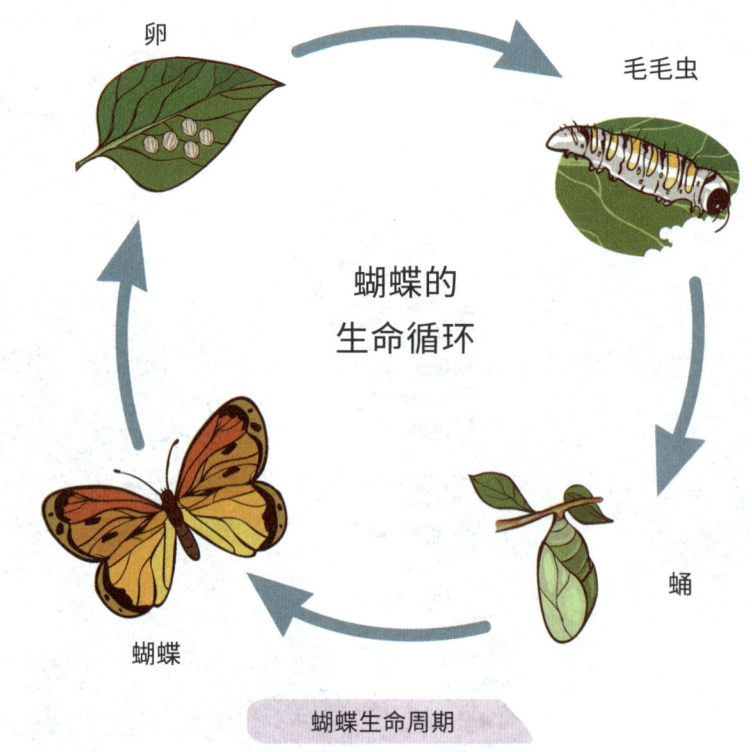

蝴蝶生命周期

从蛹到成虫的转变是蝴蝶生命周期中最明显的变化,科学家将这种转变称为"变态"。在变态期间,毛毛虫的身体组织被完全重组,这样才诞生了翩翩起舞的美丽彩蝶。长期以来,科学家们已经明白,在幼虫时期,毛毛虫就可以学习和记忆东西,而当它们蜕变为蝴蝶时,同样具备这种能力。然而由于经历了"变态",科学家还不确定蝴蝶能否记住它们作为毛毛虫时所学到的东西。

科学家测试了蝴蝶的这种记忆能力。他们对毛毛虫进行训练,使它们讨厌乙酸乙酯的气味(乙酸乙酯是指甲油去除剂中一种常见的化学物质,具有芳香气味)。每当毛毛虫闻到乙酸乙酯气味时,就用微电流电击它们。很快,这些毛毛虫被训练得讨厌这种气味,因为乙酸乙酯的气味意味着会被电击。当这些毛毛虫变成蝴蝶时,科学家再次对蝴蝶进行了测试,以确定它们是否还记得远离乙酸乙酯的气味。

猜猜测试结果究竟如何呢?

结果大多数蝴蝶都表现出了远离乙酸乙酯气味的行为。这表明,在毛毛虫时期关于乙酸乙酯气味的记忆被带入了蝴蝶阶段。

蝴蝶身上更为神秘的东西

作为一条毛毛虫,它的毕生追求就一个字——"吃"。然而,成年蝴蝶拥有了更大的追求——"结婚生子",找到伴侣后的蝴蝶会飞到一个新的区域并寻找合适的植物来产卵。

大多数毛毛虫以植物叶子为食,但有些种类还吃花、水果等其他食物。还有些口味奇特的毛毛虫,它们喜欢吃蚂蚁等昆虫,更有甚者只吃蜗牛的软组织。

蝴蝶产卵

与只顾埋头大吃，身高、体重飞速增长的"吃货"毛毛虫不同，成年蝴蝶的尺寸不会增长，它们永远都保持着苗条身材。

为了生存下来并完成交配及产卵的使命，蝴蝶必须喝些"饮料"，以便获取能量。花蜜是最受蝴蝶欢迎的饮料，其中含有充足的糖分，能够为蝴蝶提供能量。但有一些蝴蝶也会从沙子中吸收水分，尤其是小溪或河流附近湿地中的沙子。

热带地区的一些蝴蝶甚至能够从腐烂的水果或动物的粪便中提取水分或摄取必要的营养物质。

1-7 树鼩也爱吃辣

人们常说酸、甜、苦、辣、咸，五味杂陈。然而，"辣"并非味觉体验，而是一种痛觉。迄今为止，哺乳动物中只有人类可以通过后天学习和训练，从"辣"这种痛觉感受中获得愉悦。对于其他哺乳动物而言，"辣"则是一种强烈的疼痛信号，使它们可以远离那些带有"危险信号"的植物。而且，植物产生辛辣化合物的目的也正是避免哺乳动物采食，它们更倾向于被鸟类采食，以便把种子散播到更远的地方，有益于物种的扩散。

树鼩

树鼩为何不怕辣

在以往的科学研究中,科学家从未发现任何哺乳动物具有主动进食辣椒的能力。令人惊奇的是,有一项研究发现树鼩竟然可以直接进食富含辣椒素的红辣椒,并且对含有辣椒素的食物不敏感。科学家通过全基因组扫描和全细胞膜片钳技术,发现树鼩的辣椒素受体（TRPV1）离子通道受到了强烈的正向选择,其对辣椒素的敏感性只有小鼠辣椒素受体的十分之一。科学家使用电生理、定点突变、结构模拟等研究手段进一步确认,树鼩辣椒素受体对辣椒素的低敏感性是由于其579位点苏氨酸突变为甲硫氨酸导致的。这一突变使得辣椒素与树鼩辣椒素受体不能在该位点形成相互作用,严重影响了辣椒素的结合。

科学家对5个种群155个野生树鼩个体进行了基因测序,发现辣椒不是导致这一基因突变发生的原因。在树鼩的栖息地东南亚,它们偏好食用一种当地广泛生长的胡椒属植物——芦子藤,这种植物富含一种辣椒素类似物Cap2,使这一植物具有"辣"的特性。树鼩辣椒素受体对Cap2的敏感性仅有小鼠的千分之一,而将树鼩辣椒素受体579位点的甲硫氨酸突变成苏氨酸,可以使树鼩辣椒素受体对Cap2的敏感性上升1000倍。科学家综合行为学、生化分析、进化学分析、电生理功能和结构模拟等方面的实验数据,揭示了芦子藤中的辣椒素类似物Cap2分子造成了树鼩辣椒素受体579位点突变的环境压力,降低了树鼩对辛辣食物的敏感性,使树鼩具有更为广泛的食谱,从而获得更强的生存适应能力。

树鼩是灵长类近亲

树鼩虽然形似松鼠,却是一种高等哺乳动物。科学家发现树鼩可以主动进食辣椒后,就利用全基因组扫描、全细胞膜片钳技术、定点突变、分子结构模拟和动物行为等手段对其进行研究。

研究发现,树鼩与灵长类系统发育关系最近,这说明树鼩是灵长类而非啮齿类的近亲。树鼩不仅进化地位与灵长类更接近,而且在行

松鼠

为学上也十分有趣：树鼩喜好从自然界中寻找含有酒精的天然饮料，比如，过度成熟发酵的果实；而且，树鼩还会将自己的粪便作为氮源提供给猪笼草，使其为自己提供更加丰富的花蜜。这些证据都表明树鼩与植物之间具有令人惊叹的交流能力。

再次印证了达尔文进化论

树鼩主要生长于热带、亚热带灌木丛中，树栖生活，昼间活动，

以昆虫等小型动物和植物为食。对辣椒素及辣椒素类似物的低敏感性使得树鼩能够广泛摄食辛辣性食物。而这一特点，让树鼩在地形、气候等环境因素发生变化时，通过拓展更为广泛的食谱来获得更强的生存适应能力。这充分证明了达尔文进化论"适者生存"的理论。

人类之所以享受辣的痛感，并非因为人类对辣椒素产生了耐受性，而是因为人类能够将这种痛觉在大脑的高级神经环路中进行转化和学习，将这一痛觉感受进行认知转换，最终变为愉悦的体验。虽然树鼩也能够与"辣"共舞，但背后的原因却有根本的不同。在漫长的进化之路上，树鼩与人类还是有着遥不可及的距离。

根据达尔文进化论，被树鼩"欺负"了的芦子藤，在若干年后，会不会找到新的方法来对付这些"升级版"的吃客呢？

树栖的树鼩

1-8 会走路的鱼

人类的祖先从水生过渡到陆生是进化史上的一个重要节点。早期的四足动物（有四肢的动物）不再浮于水中生活，必须克服重力才可以在陆地上步行。那早期的先驱者到底是如何进化出基本的行走能力的？这一直是使科学家们着迷的问题。

行走所需要的神经回路进化

一些化石已经告诉我们，脊椎动物如何以及何时进化出

鱼化石

在陆地上行走所必需的身体特征。但科学家的最新研究表明，陆地上行走所需要的神经回路可能早在腿进化出来前就已经存在了。因为现今的陆生动物与鱼类有着相同的神经回路，所以它们最后的共同祖

提塔利克鱼

先——4.2亿年前的一种古老的鱼类——可能已经有了这种神经回路，并利用其在水下四处走动。

化石记录显示了鱼类进化到陆生四足动物身体特征的改变。在这些化石标本中，最具代表性之一的是提塔利克鱼，这是一个约3.75亿年前的"过渡期"化石。

提塔利克鱼具有特殊的意义，它虽保留了许多鱼类的特征，但也有腕骨，可以用前肢支撑身体。比提塔利克鱼更早的化石没有这种腕骨，一般都更像鱼类；较晚的化石中则有更像四足动物的生物，有明显的足趾和四肢。

第1章

进化出行走能力的鱼——猬鳐

科学家通过研究猬鳐（一种鱼类）发现，鱼类会步行且不需要腿，事实上它们早已进化出了相关的神经回路。猬鳐可以通过移动后鳍沿着海床移动，很像我们步行时移动腿一样，左右左右左右……猬鳐用来使鳍交替移动的神经回路与鼠类和其他四足动物用来移动四肢的神经回路是一样的，并且它们所用的神经回路由相似的基因所控制。相同的回路不可能进化两次，这意味着四足动物和猬鳐中相同的

鳐鱼

基因和神经通路在它们最后的共同祖先中就已经存在了，时间大约是在4.2亿年前，远远早于早期的四足动物化石。也就是说，参与步行的神经回路早于腿或脚出现之前几百万年就已经进化出来了。

会走路的鱼不只有鳐

鳐形目并不是现今存在的唯一"会走路的鱼"。事实上，不太适应离水生活的鱼移动起来更像是步行，像一条腿放在另一条腿前面一样行走。盲鱼也会"走路"，它们用鳍在河床上行走，在瀑布中攀爬。

科学家也正在研究现代鱼类在没有水提供浮力的情况下，它们在陆地上是如何移动的。进行这类研究最好是对经常在陆地上自如移动的鱼类进行研究。比如，弹涂鱼会用前肢当作拐杖来推动身体前移；肺鱼以头作为锚点，将身体的剩余部分向前弹，有时会留下看上去像是足迹的印迹。

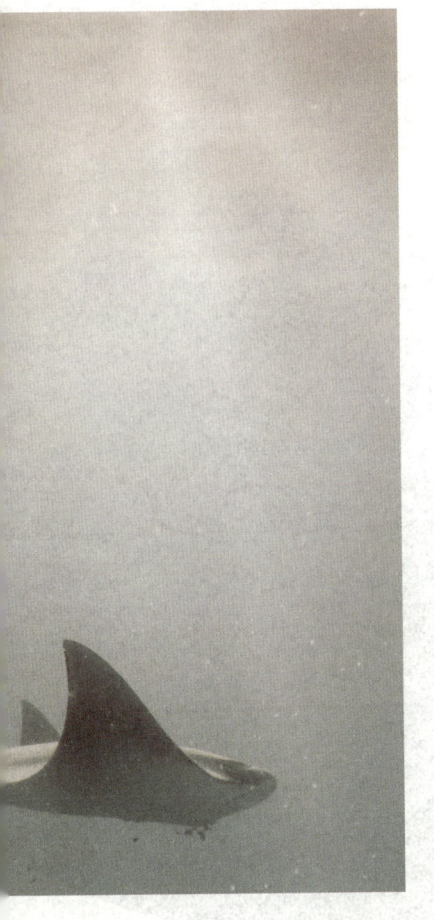

这一系列新的研究告诉我们，不管化石记录有多么完整，它也只能告诉我们生物的形态或结构；而遗传特征、神经特征，以及行为特征才是从根本上决定了该生物体结构的特征，现存生物之间的联系也可以像骨骼化石和足迹一样，尽可能多地告诉世人关于祖先的故事。

第 2 章
动物冷知识

2-1 斑马是黑斑纹白马还是白斑纹黑马？

动物冷知识

斑马身上黑白相间的斑纹很特别，不过它们究竟是黑斑纹还是白斑纹呢？如果想追根溯源，确定黑白两色孰先孰后，就要到斑马妈妈的肚子里去看看。在斑马胚胎的发育过程中，先长出黑色的外表，而后黑色的外表再逐渐发育，成为黑白相间的样子，这个来自胚胎学的证据告诉我们：斑马是黑皮白斑纹。

斑马

别小看这简单的黑白斑纹,它有四大优势呢!

首先,斑纹利于斑马隐藏自己。斑马的主要天敌是狮子,而狮子是色盲。当一群斑马聚在一起时,狮子只能看到深浅相间的一片灰色,很难分辨出哪里是头,哪里是腿,会感到无从下嘴。

其次,每一匹斑马的斑纹都是独一无二的,就像超市货架上商品的条形码。而斑马的眼睛就是"扫描仪",只要扫上一眼,就能辨识出对面跑来的斑马。

聚在一起的斑马

再次,斑纹还能帮助斑马降温。斑马身上的黑条纹吸热,温度高;白条纹反光,温度低。黑条纹上的热空气密度小,会上升,白条纹上的空气会自动流动过来补充,随之被黑条纹加热后继续上升,白色条纹上的空气继续流过来……循环往复,形成对流风。在斑马的身上,仿佛安装了千百个小风扇,凉快得很。

最后,斑纹还能帮助斑马驱赶蚊蝇。科学家曾制作四种不同颜色的、与真马等大的黏土模型,在模型上面涂抹了昆虫胶,每隔两天数一下粘在不同模型上的马蝇数量，结果发现斑马纹模型吸引的马蝇数量是最少的。

可见，黑皮白斑纹，是斑马根据环境和自身特点进化出的"最佳着装"。

2-2 鸟是怎么看路的？

鹦鹉

我们在街上行走、辨别方向，主要依靠的是一双明目。但你有没有想过，鸟的眼睛长在头两侧，分得很开，它们是如何看路的呢？

并不是所有鸟类的眼睛都长在头两侧

首先，并不是所有鸟类的眼睛都长在头部的两侧。鸽子和鹦鹉的确如此，但猫头鹰等鸟类，它们两只炯炯有神的大眼睛较为紧密地长在头部前方——有点儿像我们人类。

无论鸟类的眼睛是长在前面还是两侧，它们都可以一直向前看，但这并不意味着所有的鸟类都以同一种方式看东西。

眼睛的位置影响视野

两只眼睛意味着动物可以用三维图像视角观察周围的世界，感知物体的高度、宽度、深度以及与物体之间的距离。鸟类的眼睛在头部的位置影响着它们的视野——看到前方和两侧的范围。人类自己的视野也是有局限的。你可以试一下，在不转动头部的情况下，你能看清楚左右两侧多大的范围？

由于猫头鹰的双眼长在头部前方，因此它们的视野范围较小，仓鸮的视野范围约有150度（尽管它们可以很大幅度地转头看向四周）。鹦鹉、鸽子和其他鸟类的眼睛长在头部两侧，因此视野范围更大，约有300度，这意味着它们可以同时看到前方和两侧很广的范围。

猫头鹰

眼睛位置决定视觉方式

鸟类的眼睛在头部的位置决定着鸟类如何使用不同类型的视觉方式观察周围环境。

双眼视觉意味着两只眼睛可以同时聚焦同一物体,而且眼部运动是互相协调的——猫头鹰等捕食性鸟类最依赖这种视觉。

单眼视觉意味着鸟类的两只眼睛可在某一时刻聚焦于不同物体,这对于鹦鹉和鸽子来说是再正常不过的了。

猫头鹰捕食

不同类型的视觉方式能够让不同类型的鸟都拥有在野外生存的能力。

对于鹦鹉和鸽子而言,双眼长在头部两侧是一种巨大的优势。因为它们的视野范围很广，只有身后存在一块很小的盲区。广阔的视野能够让它们在探路的同时，观察是否有捕食者偷偷接近。

　　有些人可能觉得鸟的眼睛长在两侧就无法向前看路，但实际上有些鸟类可以同时向前和向两侧看哦!而且比那些眼睛长在头部前侧的鸟看得更广。

2-3 鸟类的性别由何决定？

近日，澳大利亚一对4岁的双胞胎姐弟，被确认为全球第二对半同卵双胞胎，也是史上第一对在母体内便发现的半同卵双胞胎。双胞胎按形成过程，可分为同卵双生、异卵双生和半同卵双生，其中，半同卵双胞胎非常罕见，迄今为止只有两例报道。

众所周知，人类的性别是由性染色体决定的，因此，携带性染

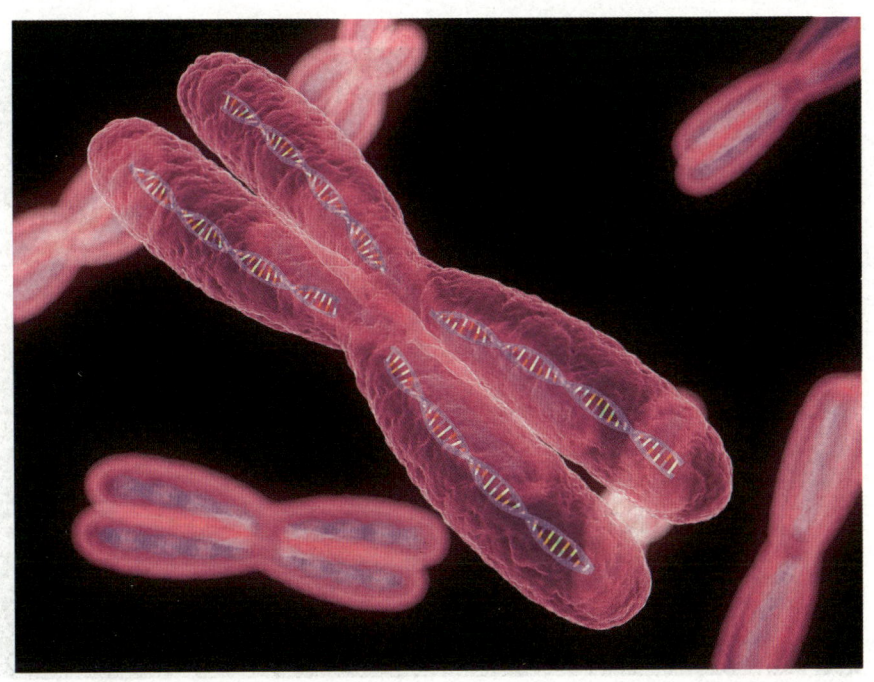

染色体

体的精子便决定了胚胎的性别。那么,鸟类的性别由何决定呢?

性别的决定方式——性染色体

生物学家认为,性别是由性染色体决定的。染色体一般分为两类:一类是与性别决定无关的染色体,称为常染色体;另一类是与性别决定有关的染色体,称为性染色体。自然界中,多数生物的性别差异是由性染色体的差异决定的。

性别决定的方式一般有两种:一种是XY型,特点是雌性个体内有两条同型的性染色体XX,雄性个体内有两条异型的性染色体XY,如哺乳动物、果蝇等。另一种性别决定方式是ZW型,特点是雌性个体内有两条异型的性染色体ZW,雄性个体内有两条同型的性染色体ZZ,如家蚕、鸡、鸭等。

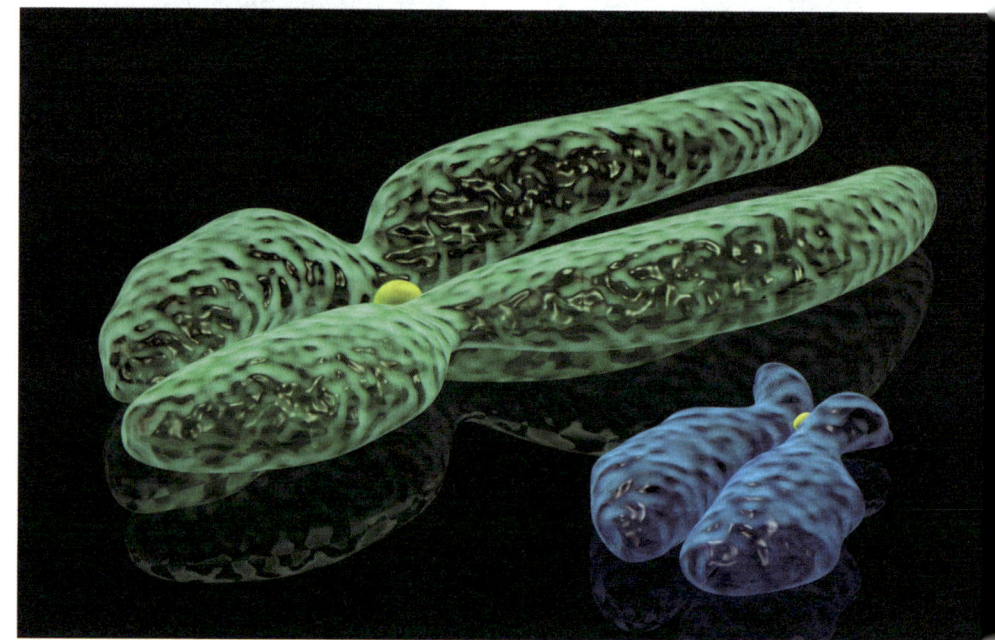

X染色体与Y染色体

性染色体的配对

雌性哺乳动物的体细胞内含有2条同型的性染色体（XX），而雄性的体细胞内含有2条异型的性染色体（XY）。Y染色体在XY性别决定类型中起主导作用，含有Y染色体的受精卵发育为雄性，不含有Y染色体的受精卵发育为雌性。

鸟类也有性染色体，鸟类的遗传物质位于Z染色体上。雄鸟是同配性别，体细胞内具有2条同型的性染色体（ZZ）；雌鸟是异配性别，体细胞内具有2条异型的性染色体（ZW）。根据生物学遗传分离定律，显性表型的雌鸟与隐性纯合的雄鸟杂交，后代中雄鸟全为显性个体，雌鸟全为隐性个体。

鸟类的性别由何决定？

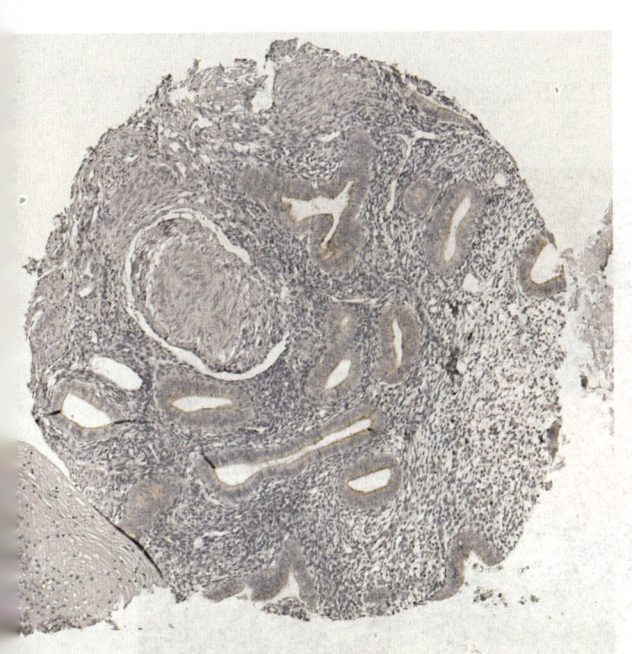

显微镜下的胚胎

对于人类，真正决定XY型的性别是Y染色体上称为SRY的基因，它启动了胚胎中睾丸的发育。胚胎中的睾丸会产生睾丸激素，睾丸激素推动男性特征（如生殖器、头发和声音）的发育。

而对于鸟类，Z染色体上有一个完全不同的基因（DMRT1），它是睾丸发育的关键因素，但不是开关因素。在ZZ雄性胚胎中，两个DMRT1基因诱导细胞脊（性腺前体）发育出睾丸，产生睾酮，从而发育成雄鸟；在ZW雌性胚胎中，单个的DMRT1允许性腺发育成卵巢，产生雌激素，从而发育成雌鸟。相对于ZW型胚胎，DMRT1在ZZ型胚胎中高剂量表达，从而诱导了睾丸发育，这种性别决定方式被称为"基因剂量"。

在自然界中，鸟类后代的整体性别还受到鸟的种类、母体健康状况、环境等因素的影响。大多数鸟类的后代中，雄性要比雌性多，甚至有一些鸟类，如红隼，在一年中的不同时间会生产不同性别比例的后代。鸟类后代的性别也会受到母体健康状况的影响，例如，身体弱小的斑胸草雀会生产更多的雌性后代。鸟类后代的性别还会受到鸟类本身进化的影响，例如，笑翠鸟通常先孵化雄性后代，然后是雌性后代。

半雄性和半雌性的鸟类

自然界中，偶尔会发现一只鸟既有雄性的特征，也存在雌性的特

红衣主教鸟

征。最近发现的鸟类——红衣主教鸟，身体右侧有红色的雄性羽毛，左侧有米色的雌性羽毛，但它与单独的雄性和雌性个体又有很大的差异，这种稀有的混合型动物称为"嵌合体"。它最可能的起源是来自单独的ZZ和ZW胚胎的融合，或来自异常的ZW卵子的双重受精。

那么，为什么嵌合体的表型（外在特征）存在明显的分界线呢？理论上，决定性别的基因DMRT1产生的蛋白质和性激素在血液中传播，应该会影响两侧的表型。鸟类学家推测，可能存在另一种生物学途径，性染色体上的其他基因可以修复个体两侧的性别表型，并以不同的方式进行遗传和传递激素信号。

基因决定鸟类的性别差异

鸟类可能在外观（如大小、羽毛、颜色）和行为（如唱歌）方面表现出惊人的性别差异。例如，雄孔雀有绚丽的尾巴，雌孔雀没有。

孔雀开屏

Z染色体一般携带雄性个体的特征基因，而W染色体可能携带雌性个体的特征基因。生物学家对孔雀的整个基因组进行的研究表明，负责尾部羽毛的基因遍布整个基因组。因此，孔雀的尾巴可能受到雄性和雌性激素的调节，而不只是性染色体的决定性结果。

2-4 狗喜欢旅行吗?

狗

　　有人说,狗是一种不喜欢旅行的动物,这是真的吗?显然,答案取决于旅行对狗来说意味着什么。

　　通常来说,大多数狗是不喜欢旅行的。在野外,过于冒险的行为可能会导致狗受伤或死亡,因此狗可能会变得更加谨慎并且愿意接近熟悉的东西。不过,狗可能会将某种旅行视为寻找想要的食物或伴侣的机会。

第2章

甜蜜的家

狗对熟悉的地方非常重视,这在动物行为学上是很正常的,因为在那里它们可以很容易地找到食物、水和住所。此外,还有它们认为最珍贵的东西——社交群体。也就是说,狗喜欢和熟悉的狗或人类做朋友。是的,狗可能也会将生活在周围的人视为它们的社交群体。

科学家将大多数品种的狗称为"家庭范围"动物,在家庭范围内它们会感到很舒适。家庭范围的中心是它的巢穴。例如,你的狗可能会将你的家和花园当作它的巢穴。除了你的家和花园,其他地方(如邻居的院子、公路沿线和街道)可能就是它认为的外围环境。

狗可以通过它的气味识别家庭范围。你有没有注意到一只狗在树下或灯柱下撒尿,或者用它的后爪在地上乱刨?这些都是狗在用自己的气味标记自己的"领地"范围。

狗用撒尿来标记"领地"

动物冷知识

小狗与"伙伴"玩耍

许多人喜欢旅行，但对于狗来说，在离家太远的地方旅行会给它们带来风险。例如，一个地区的狗不让外来的狗进入其领地范围，或者当它们再回到家中时，会发现社交群体发生了变化，它们不再像过去那样适应了。

带狗一起旅行

当我们在不熟悉的地方遛狗时，狗可能会喜欢新地方的某种气味。它们可能会很高兴，因为它们能够与自己的社交群体（人类）一起探索未知的环境，但是当它们独自去某一个地方时，它们的反应可能会非常不同。

对于家养狗来说，去巢穴（如房子和花园）之外的地方会令它们

第 2 章

动物冷知识

乘车旅行的狗

很兴奋，因为这提供了许多的机会：在新的地方玩耍、小便或大便，探索或吃食物，问候新的狗，标记新的"领地"范围，以及找到一个新的伙伴。

由此可见，有些狗喜欢和我们一起旅行。而对大多数狗来说，去当地的公园"旅行"，是有趣而安全的首选旅行方式。

载狗旅行有利有弊

许多喜欢自驾游的人，喜欢带着狗一起出门旅行，但对于许多不习惯乘坐汽车的狗来说，这可能会导致它们生病。不过，汽车旅行对于狗来说也是一种新的方式，一旦它们习惯了乘坐汽车，汽车旅行可以为一些狗带来快乐。

对于有些狗来说，跳进汽车与去公园或海滩旅行一样，都是刺激的行为。但对于另外一些狗来说，乘坐汽车会让它们想起看兽医的可怕经历，例如打针。狗很聪明，它们不信任兽医候诊室的气味，现在一些兽医会在诊所里使用让狗镇定的信息素（影响情绪变化的特殊化学物质）。

因此，狗是否喜欢旅行，在很大程度上取决于它们的生活经历，以及旅行对于它们来说意味着快乐还是恐惧。尽管有些电影情节告诉我们，有些狗想要去探索新世界，但事实上，在现实生活中，当一天结束时，它们通常更喜欢躺在地上呼呼大睡。

第 2 章

2-5
狗是如何读懂人类情绪的？

动物冷知识

狗

狗与人类的关系非常特殊，人类可以读懂狗的情绪，但关于狗能否读懂人类的情绪还有很多争议。

在过去几年里，科学家进行了大量实验，了解狗是否有能力识别人类的情绪。研究表明，狗主要通过听觉、嗅觉，以及视觉和听觉结合三种方式识别人类情绪。

通过视觉和听觉结合的线索识别人类情绪

一项新研究表明，狗能够将人类高兴或悲伤的面部表情与相应的声音进行匹配，通过视觉和听觉线索识别人类的情绪。

在这项研究中，每只狗被要求坐在两块屏幕前，研究人员在两块屏幕上为它们分别展示高兴或愤怒的人脸图片，同时配以高兴或愤怒的声音。

科学家通过观察17只来自英格兰的宠物狗发现：当展示高兴的图片和声音时（图片和声音相匹配时），狗盯着屏幕的时间最长；但给同样的图片配以无感情的声音时，狗则表现出不感兴趣的样子，盯着屏幕的时间较短。

另一项研究记录了狗只看到人脸照片时的反应，照片上的人类表现出6种基本情绪（恐惧、快乐、愤怒、惊讶、悲伤和厌恶）。研究发现，狗会像人类一样使用左脑来控制右侧身体，反之亦然。狗用左脑处理正面情绪的声音，用右脑处理负面情绪的声音。

大多数狗在看到快乐的表情照片时，它们的头会向右转（表明它们用左脑处理正面情绪）；在看到生气、恐惧的表情照片时，它们的头会向左转（表明它们用右脑处理负面情绪）。此外，当人类有明显

有情绪的狗

的情绪变化时，狗的心跳会显著加快。

在上述两项研究中，狗都没有接受过任何预先的训练，也没有对图片或声音进行预先熟悉。科学家称，作为高度社会化的物种，狗识别人类情绪的能力是非常有用的，这种能力可能是先天的，也可能是经过很多代驯化才得到的。

通过听觉线索识别人类情绪

我们都知道，狗的听觉非常敏锐，尤其是当你打开一盒新鲜狗粮的时候。研究发现，狗也能仅仅依靠听觉来识别人类的情绪。

在这项研究中，房间中央放置了一碗狗的食物，两边各安装一个扬声器，用来播放相同音量的非语言人类声音（例如用笑声作为快乐的声音，用尖叫作为恐惧的声音）。

狗通过声音识别人类情绪

科学家想通过这个实验，了解狗听到特定的声音会把头转向哪边，观察结果将帮助他们确定狗是依靠大脑的哪部分来感知人类情绪的。

研究发现，当狗听到尖叫的声音时，它们的头会向左转；当听到笑的声音时，它们的头会向右转。但听到厌恶和惊讶的声音时，它们并没有显示出任何明显的扭头行为，科学家猜测是因为情绪更依赖于具体情境，如果没有更多的信息，狗可能不知道如何理解厌恶和惊讶的情绪。

总体来说，狗似乎只用耳朵就能听懂人类的情绪，至少可以听懂快乐、恐惧的情绪。

通过嗅觉线索识别人类情绪

有句谚语说："动物能嗅出我们的恐惧。"研究发现，狗真的能"闻"到恐惧和其他情绪，而且也能切身体会到这些情绪并做出相应的反应。

科学研究发现，狗仅仅通过嗅觉就能识别人类的情绪并以此来调整自己的情绪和情感。当它们的主人"闻"起来很开心时，狗也会表现得很开心，对周围的陌生人更好奇；但当它们的主人"闻"起来很害怕时，狗会表现出很害怕的样子，并且会避开陌生人。

科学家做了一系列有趣的实验，实验对象包括40名男性狗主人、他们的狗（拉布拉多和金毛），以及一个陌生人。科学家让狗主人们分别观看《闪灵》和《奇幻森林》两部电影，以引出恐惧和快乐的情绪反应，并采集他们的汗液样本。然后，他们把主人、狗和陌生人放在同一个房间里，并让狗"闻"主人在恐惧或快乐时的汗液样本。

研究结果显示，狗的行为和反应与人类参与者所经历的情绪一致。当"闻"到恐惧的主人的汗液样本时，狗的心跳加快，表现出更多的压力迹象，倾向于忽略陌生人，并向其主人寻求安慰；当"闻"

狗通过嗅觉识别人类情绪

到快乐的主人的汗液样本时,狗对陌生人表现得更放松,还会好奇地"嗅"着他。

尽管我们并不知道这种反应究竟是来自人类对狗的驯化,还是狗天生就有同理心,但这项研究无疑加深了人类对于狗的了解。狗能够把来自不同感官的信息组合起来识别人类的情绪,它们是唯一被观察到有这种能力的生物(人类除外)。

下次和狗玩耍的时候,试着看看它能否感受到你的情绪吧!

2-6 青蛙靠什么躲避天敌？

青蛙生活在池塘、稻田等地方，常在河边的草丛中活动，以昆虫为食。我们平时见到的青蛙大多是绿色的，不过，世界上还有很多五颜六色的蛙类。

青蛙都有哪些种类？它们又是怎样躲避天敌的呢？一起来了解一下吧！

青蛙

蛙科动物图鉴

黄带箭毒蛙

生活在巴西和委内瑞拉周边潮湿的热带雨林中，体长3~5厘米，寿命为10~15年。

第 2 章

动物冷知识

亚马孙牛奶蛙

又名牛奶树蛙，来自亚马孙雨林和南美洲地区的大型两栖动物（牛奶蛙幼体生活在水中，成体树栖），体长约 10 厘米，寿命为 5~10 年。

蓝箭毒蛙

也叫蓝色毒镖蛙，是箭毒蛙中的最强王者，它的 1 克毒素能杀死 2 万只老鼠。体长 3~4 厘米，寿命可达到 5 年。

番茄蛙

仅分布于马达加斯加岛东岸，外观鲜艳，表皮有毒，体长 9~14 厘米，寿命约 15~20 年。

白氏树蛙

生活在澳大利亚和新西兰,体长约 10 厘米,可活 15 年。它们的颜色会随温度和所处的环境而改变,但一般都是灰棕色或翠绿色。

青蛙也有"铁头功"

科学家称,青蛙的头部看起来很光滑,实际上其头骨既尖锐又怪异。他们对青蛙的头骨进行研究时发现,青蛙的头骨就像神话中龙的头部,布满了尖刺和其他骨状结构,且形状各有不同。有些青蛙的头骨是盾状的,也有些青蛙的头骨非常宽。研究人员称,青蛙的头部可能有分泌毒液的毒刺,帮助它们抵御天敌。

青蛙也有"铁头功"

右图中的不同色彩呈现出了南美角蛙头骨不同部位的骨密度差异,头骨的蓝色区域(例如脑壳)比绿色区域(例如下颚)的骨密度要小。

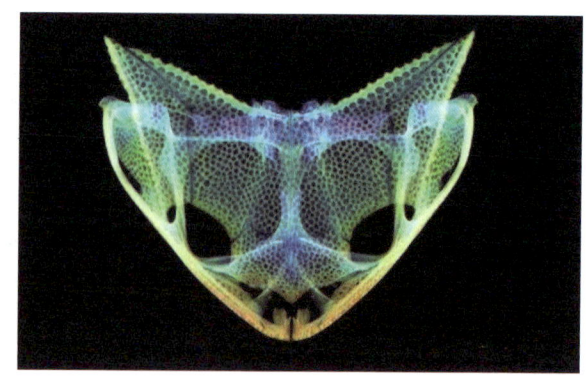

南美角蛙宽大的头骨和巨型大嘴

科学家分析了158种主要蛙类的头骨形状,发现一些青蛙的头骨上覆盖着由多余的骨骼层形成的复杂凹槽和凹坑,这种特性称作"高骨化",能使青蛙更有效地捕食更大的猎物,同时保护它们不受天敌的攻击。

青蛙的"隐身"技能

为了捕食和躲避天敌,蛙类演化出了能够有效融入环境的皮肤。

会隐身的青蛙

大多数蛙类通过皮肤中的"色素细胞",使自己拥有绿色或其他颜色的皮肤。

不过,自然界还有数百种蛙类的皮肤几乎是半透明的,只有很少的色素细胞,它们是如何呈现出绿色的呢?

绿色的骨骼和内脏

科学家发现,由于青蛙体内的一种抗病毒蛋白与血液分解出的有毒产物结合在一起之后会呈现出绿色,因此,玻璃蛙的淋巴液、软组织甚至骨骼都是绿色的。

他们重点研究了南美圆点树蛙,发现它们的绿色皮肤源于皮下腺

南美圆点树蛙在晚上很活跃

体、淋巴等组织中存在的一些非细胞色素团。其中，最常见的一种色素是胆绿素。

　　胆绿素一般由血红蛋白的代谢产物胆红素通过进一步代谢产生，具有很强的毒性，而南美圆点树蛙体内的胆绿素浓度是其他蛙类的200倍。

　　研究发现，南美圆点树蛙体内存在的不是大量的胆绿素单体，而是与一种糖蛋白结合形成的蛋白质——胆绿素结合丝氨酸蛋白酶抑制剂。

　　抑制剂能让螺旋形的胆绿素伸展开，并吸收除蓝光、绿光和部分红光外的其他可见光。正是通过这种方式，这些蛙类体内的胆绿素毒性得到了降低。

　　最终，这些半透明的树蛙也能像具有色素细胞的蛙类一样，拥有能在环境中"隐身"的绿色皮肤。

2-7 壁虎的脚掌有什么神奇之处？

我们都知道壁虎是爬墙高手，也是每个攀岩者羡慕的对象。它们的四只脚可以紧紧地贴在墙壁上，也可以倒着爬过天花板，甚至可以用一个脚趾垫将自己悬在半空中。很多人认为壁虎的脚掌很像吸盘，能够利用压强差吸在墙壁上。但事实并非如此，你知道壁虎的脚掌有什么神奇之处吗？

壁虎

壁虎可以"飞檐走壁"的原因

20世纪60年代,科学家利用扫描电镜发现了壁虎脚掌上错综复杂的黏附系统结构:壁虎的黏附系统是一种多分级、多纤维状表面的结构。壁虎的每个脚趾上都长着数百万根长度为30~130微米的刚毛,每根刚毛末端又有100~1000根长度及宽度为0.2~0.5微米的铲状绒毛。

这种精细结构究竟有什么用处呢?科学家通过实验证实了壁虎的脚掌具有超强黏附力,因为大量的刚毛和物体表面的分子间存在一种作用力,即范德华力。范德华力是分子间的距离非常近时产生的一种

壁虎的脚掌

微弱电磁力。由于壁虎的多分级黏附系统结构非常精细，微观上接近于理想光滑结构，因此，壁虎的脚掌能够轻而易举地与各种表面达到近乎完美的结合。这样一来，大量的范德华力凝聚成的超强黏附力，就足以支撑壁虎的体重了。

科学家用微电子机械传感器测量了从壁虎脚上取下的一根刚毛对物体表面所施加的横向和垂直方向上的力。结果表明，壁虎脚掌上单根刚毛的最大黏附力约为200微牛。

通过计算，壁虎每平方厘米面积上的刚毛有一万多根，一只大壁虎脚掌上的刚毛数量约为600万根，可以产生高达1300牛顿（即133公斤重）的黏附力，相当于两个普通成年人的重量。

现在，你知道壁虎能"飞檐走壁"的原因了吧？

壁虎如何做到"水上漂"？

科学家通过对高速摄像机拍摄的壁虎"水上漂"的画面进行研究，从四个方面解释了壁虎"水上漂"的原理。

高速踩踏水面。壁虎能以将近1m/s的速度飞奔过水面，在这个过程中，水面和壁虎脚面之间能够形成一个空腔（空气层），让壁虎可以漂在"空中"，同时在踩踏的过程中形成一种向上的力，使壁虎的头部始终保持在水面以上。

壁虎"水上漂"

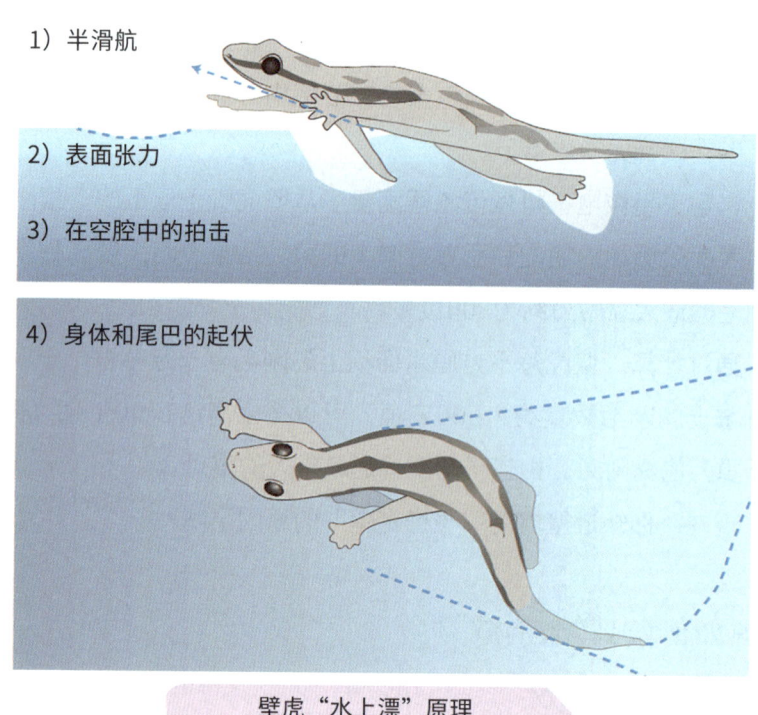

壁虎"水上漂"原理

水的表面张力对壁虎来说至关重要。科学家发现,在水箱中加入一块肥皂以降低水的表面张力时,壁虎"水上漂"的速度会降低近58%,这证明壁虎利用了水的表面张力进行奔跑。

壁虎拥有令人惊奇的超疏水性皮肤,可以排斥水分并提高壁虎浮在水面上的能力。利用尾巴的摆动,当壁虎受到自身重力影响,快要沉下水面时,它会用尾巴拍打水面,摇摆前进。

"壁虎脚"的仿生学应用

用模塑技术制造黏附壁的方法是将原料倒入模板,让混合物发生反应,使之形成一种柔韧的聚合物,然后将它从模具中取出,但这种

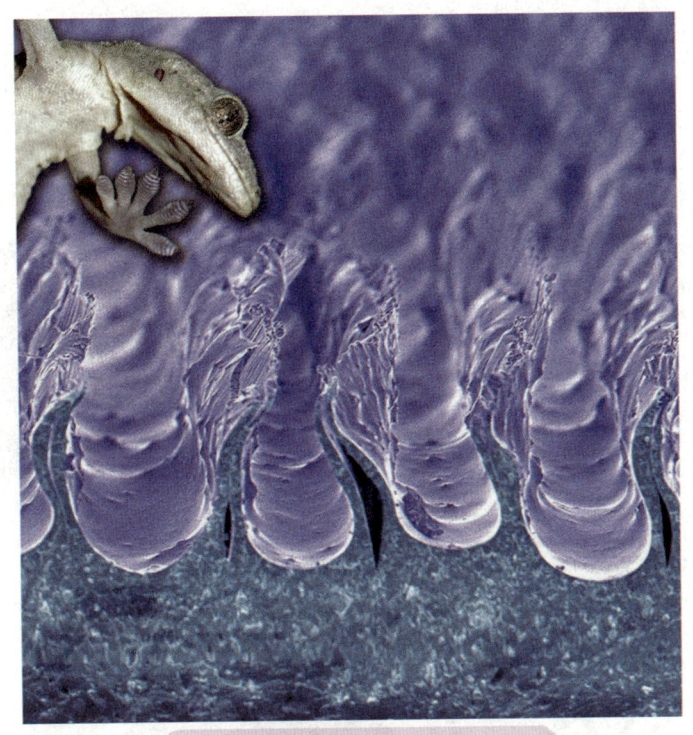

"壁虎脚"的仿生学

方法既昂贵又耗时。

受壁虎爬行的启发,科学家开发出了一种制作黏合材料的新方法,不但能够节约成本、实现大规模生产,还可以将多功能抓具推广到制造业。

新方法是将原料倒在光滑的表面而非模具上,让聚合物部分凝固,然后将实验室用的刀片浸入其中。原料在刀片周围稍稍溢出时拉出刀片,留下微米级的缺口,这些缺口就会被所需的黏附壁包围。

科学家表示:受壁虎启发制作的抓具上不含胶水或粘胶,它可以抓起盒子等扁平物体,也能抓起鸡蛋和蔬菜之类的弯曲物体,甚至可以黏附在除特氟龙(人工合成高分子材料,人们用此发明了"不粘锅")以外的其他任何物体上。

第 3 章
植物大本营

3-1 真有吃人的植物吗?

1920年9月26日,卡尔·李奇博士在《美国周刊》上撰文称,他于1878年在马达加斯加目睹了一棵巨大的开花植物将一位年轻女子吃掉,并且还配上了这位女子被吞噬的图画。几年后,《美国周刊》刊登了另一篇有关食人树的故事,这次是菲律宾棉兰老岛的一种树。

探险家布兰特称，他在漫步时走入了岛上的禁地，一棵食人树伸展开来，叶子发出咝咝声。他的向导认识这种树，便把他拖开，远离那些叶子的伸展范围。另外还有传说描述，当地人会采集这些食人树的汁液当作珍贵药材，只要用足够新鲜的鱼喂饱这棵怪树，就可以放心地采树汁了。

后来，科学家对文章中提到的地方进行了考察，发现这些说法都是杜撰的惊悚故事。那些所谓的"食人植物"不过是几种捕食昆虫的植物，它们能够吸引昆虫跌入陷阱，然后将它消化。

实际上，世界上能够吃动物的植物还真不少，共有600多种，分属于13科20属。它们经常无声无息地享用大餐。猪笼草就是这样一位优雅的"食客"。

猪笼草

猪笼草的"餐具"很精致，是一个个挂在叶柄末端的小"瓶子"。这些"瓶子"的内壁十分光滑，并且会散发出昆虫喜欢的食物气味。昆虫满心欢喜地钻进瓶子寻找大餐时，就会滑落到瓶底，在那里等待它们的是可怕的消化液。这些倒霉蛋很快会被消化液分解，而猪笼草就靠这些营养生存。

在猪笼草每个"瓶子"的上方都有一个小盖子。很多人以为这是为了防止昆虫逃脱，其实并非如此。这些小盖子的作用只是不让雨水或露水落到"瓶子"里。

猪笼草

第3章

植物大本营

捕蝇草

捕蝇草

与猪笼草静候猎物不同,捕蝇草具有主动出击的习性。捕蝇草的叶子有点儿像捕兽夹,当昆虫站在上面连续触动叶子的针状毛时,叶子就会突然合起,无法逃脱的昆虫也就成了捕蝇草的美味佳肴。

茅膏菜

茅膏菜的捕猎技巧就更纯熟了,它叶片表

074

面的腺毛上会分泌强力胶一样的黏液。昆虫停落在叶面上时，就会被粘住，而腺毛又非常敏感，昆虫越是挣扎，腺毛越是会向内和向下运动，将昆虫紧紧压住。

　　猪笼草、捕蝇草和茅膏菜的捕虫工具有很大差别，它们都生长在土壤贫瘠的地方，但是为了能开花结果，只有通过诱捕昆虫增加营养供给。它们不同于其他植物的生存方式激起了某些小说家的想象，从而写出了"食人树"等耸人听闻的故事。真正能捕食较大动物甚至人的植物，至今还没有在地球上被发现。

茅膏菜

3-2 果实想被吃掉吗？

果实成熟后，会发生什么？有的科学家认为，果实成熟完全是因为植物想让动物吃掉果实中的种子。

动物吃掉果实后，会跑来跑去，并在排便时将种子留在不同的地方。植物就依靠这一过程来播撒种子，使种子得以在新的地方生长。

吃果子的动物

果实想被吃掉，但须在合适的时机

虽然植物想依靠动物播种，但它们必须确保果实在被动物吃掉时，种子已经成熟到可以播种的程度。

因此，在种子成熟之前，植物要确保果实很难被发现，而且还很难吃。这就意味着，果实可能仍然穿着绿色的外衣，而且可能会隐藏在叶片之后，很难被摘下。在成熟前，果实往往非常硬，而且苦涩难咽，因此动物（包括人类）不愿意在成熟之前品尝它们。

当种子已经准备好了，果实就会开始成熟，并且看起来美味可口，让动物们胃口大开。

当果实成熟时，它们的外皮颜色会变得明亮鲜艳。苹果、草莓、桃子会变成红色，香蕉会变成黄色，橙子会变成橙色……你也可以在逛超市时，仔细观察五彩缤纷的水果区域，并观察有多少种不同颜色的水果。西红柿也是水果，但它通常被放在蔬菜区域。

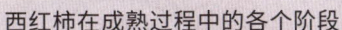
西红柿在成熟过程中的各个阶段

更软、更甜、更香

在颜色渐变的过程中，果实也变得更软。这是果实中的细胞变化所致。

在植物中，每个细胞都有细胞壁。随着果实的成熟，细胞壁发生变化，让水果变软，正是这种软化让水果变得多汁。

人们喜欢吃的水果往往是甜美多汁的。当果实成熟后，植物聪明地移除水果内所有味道不好的部分，并以糖分代替。这就让水果变得又甜又好吃。

果实成熟的最后一步变化是让自己闻起来诱人，让动物想要吃它们。不同的果实所采用的香气"秘诀"各有不同。这也是为什么我们仅通过气味就能辨别出梨与草莓。

甜美多汁的桃子

乙烯的奇妙用处

果实成熟时所发生的上述改变（颜色、气味、甜度、软度的改变），都发生在同一时期。人们为了促进这一过程的发生，会采用一种特别的方法——喷乙烯。

例如香蕉，要在尚且青涩发绿时摘下，摘下时果实尚未成熟，还比较硬实，以防在运输到各地超市时被碰坏。当香蕉被送达某家超市时，负责这批香蕉的管理人员会喷乙烯气体，催熟香蕉。然后，已呈黄色的成熟香蕉就会被摆上超市货柜。

催熟的香蕉

最重要的是，吃水果是对人体有好处的。水果里的糖分可以帮助人们获得日常所需的能量。同时，水果含有大量维生素，有助于人体发育。不过，也不要忘记多吃蔬菜，蔬菜对人体也大有裨益。

第3章

3-3 苹果的起源

植物大本营

瓦维诺夫

第一个苹果来自哪里？这似乎是一个离我们的生活既近又远的问题。作为人类喜爱的水果之一，人们普遍认为苹果起源于欧洲。20世纪20年代，苏联著名植物学家瓦维诺夫对这一看法首先提出了质疑，他通过研究发现，中亚地区的天山野果林才是苹果的起源地，但是这一观点一直没有被普遍接受。

第一株栽培苹果树可能源自中国

有中国学者认为，全世界的栽培苹果不但都源自天山的野果林，而且都可以追溯到一株生长在新疆新源县喀拉布拉镇海拔1927米的半山腰的野果树。这株被称为全世界栽培苹果"祖宗"的野果树，树龄在600年左右，树高12.9米，平均冠幅18.5米，树体从基部分为五个分枝，宛若手掌，枝繁叶茂，至今依然结果。

据考证，苹果栽培在伊犁地区至少有2000年的历史，而生长在那里的塞威氏苹果是世界上最古老的苹果品种。沿基因组演化向前追溯，塞威氏苹果向西演化形成西洋苹果，向东演化形成中国早期的绵苹果。

新疆野果林

新疆伊犁河谷，这片保留了当今苹果最全基因的野果林，经历了上百万年的繁衍生息，是现代苹果名副其实的"祖先林"。

天山野果林是在独特的自然条件下，在天山艰难存活下来的"幸存者"。野苹果树与野杏树混杂生长，每年万花齐放之时，与周边的雪峰、草地、溪流形成美不胜收的景观，成为新疆重要的旅游景点之一。

但是学界对于苹果是怎样传入欧洲，并且如何进化为我们今日所食用的苹果，一直没有统一的说法。最近的一项科学研究对这两个疑问给出了新的解释。

苹果的"丝绸之路"

生物学家、遗传学家和历史学家对欧洲和西亚各地考古发现的保存完好的古代苹果种子进行了研究，结果表明，苹果最初是由古代的巨型动物传播开来的，后来在丝绸之路的贸易活动中进一步获得发展，最终才演化成为我们今天所认识的品种。基因研究表明，现代苹果至少是四种野生苹果的杂交品种。

研究人员表示，丝绸之路上的商品贸易活动使这些不同品种的苹果聚集在一起，并导致它们的杂交活动。在亚欧大陆各地的遗址中发现了保存完好的苹果种子，这些发现说明水果和坚果树是沿着这些早期贸易路线运输的商品之一。

历史学家总结的这些历史证据都指向苹果与丝绸之路的关系，即现代苹果的许多遗传物质起源于古代贸易路线上的天山野果林。

甜美的苹果是怎么演化而来的？

如今的苹果和原始的苹果是同样的味道吗？甜美可口的苹果是如何演化而来的呢？

研究认为，在上一个冰河时代结束之前，欧洲大陆上有很多大型哺乳动物，如野马和大型鹿。由于苹果树能吸引大量的哺乳动物，因此其种子就借助这些动物传播开来。相关证据也表明，在过去的一万多年里，随着一些巨型动物的灭绝，苹果等果树种子的扩散进程也逐渐减慢。同时，对这一时期内苹果种子的传播范围做研究，发现在没有原始种子被"撒播者"播种的情况下，这些果树并没有在新的地区生根发芽，因而呈现出一种近似"被隔离"的状态。

一直到人类能自己携带这些果实跨越亚欧大陆开始，野生苹果的种群"被隔离"的状态才发生改变。这其中，丝绸之路是最为主要的通道。当人类的活动使这些不同的水果种群再次相遇后，在蜜蜂和其他授粉者的作用下就自动完成了剩余的杂交工作，由此产生的后代果实更大，这也是杂交的常见结果。之后，对于果实较大的果树，人类通过嫁接和种植来保留这种特性。

因此，我们今天吃到的苹果的品种，并不是当初最受欢迎的苹果树经历漫长的自然选择而来，而是通过不同品种的苹果树的杂交和人工嫁接而来。嫁接过程相对较快，其中部分嫁接可能是人们在无意间完成的，这就是"当我们种下一粒苹果种子，最终可能会得到一棵海

杂交苹果

棠树"的原因。

这项研究挑战了"驯化"的定义，证明了没有一个一概而论的理论来解释人类栽培下的植物演化：对于一些植物来说，杂交导致形态的快速变化；而对其他植物来说，驯化需要数千年的培育加之人类为主导的选择。

因此，并非所有植物的驯化过程都是一样的。我们日常食用的苹果，它的演化过程要归功于灭绝的巨型动物和穿行于丝绸之路上的商人们。

五颜六色的毒蘑菇

毒蘑菇，是指有毒的大型菌类。我国毒蘑菇有100多种，引起人严重中毒的有十余种，分布广泛。每年都有毒蘑菇致人中毒事件发生，以春夏季最为多见，常致人死亡。

毒蘑菇

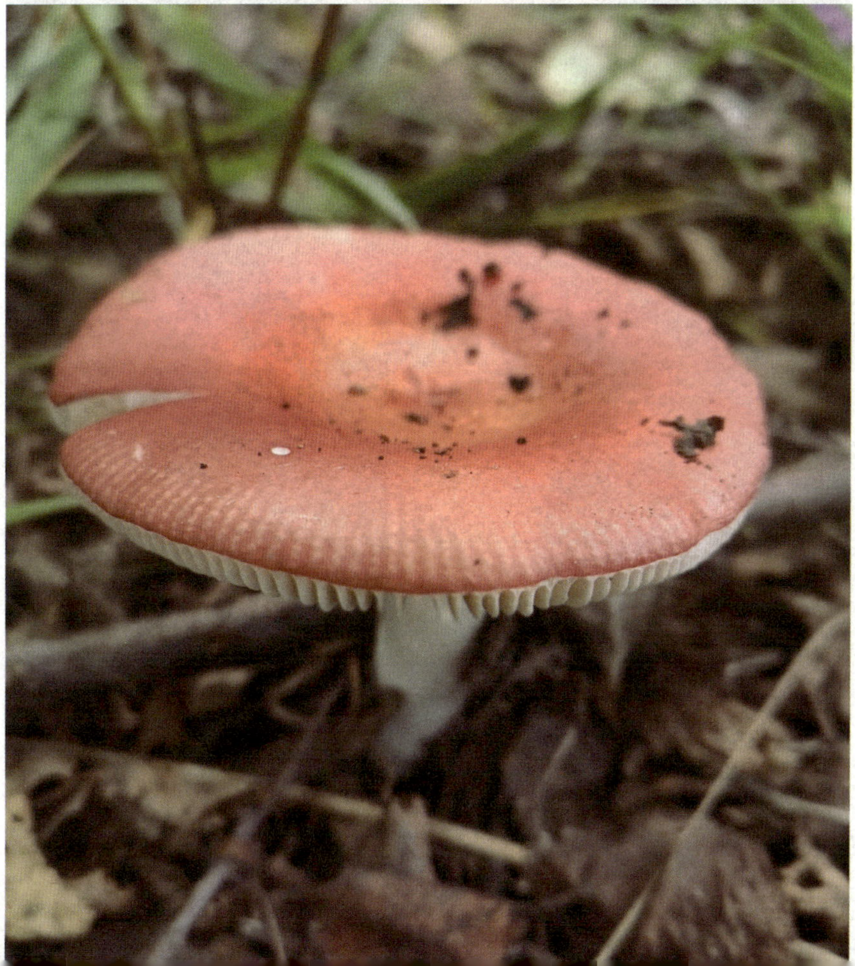

第3章

民间流传着很多分辨毒蘑菇的方法，如菌柄上同时有菌环和菌托、菌褶剖面为逆两侧形、颜色鲜艳的蘑菇通常有毒，然而这些说法都是不科学的。因为许多毒菌和食用菌是非常相似的，有时连专家也需要借助显微镜等工具才能准确辨别。

蘑菇为何有毒？

目前确定毒性较强的蘑菇毒素主要有鹅膏肽类毒素（毒肽、毒

有鹅膏肽类毒素的蘑菇

蕈肽)、鹅膏蕈碱、光盖伞素、鹿花毒素、奥来毒素。在人类误食毒蘑菇而中毒死亡的事件中，90%是由剧毒鹅膏所致。那什么是鹅膏呢？宋代陈仁玉于《菌谱》中记载："鹅膏蕈，生高山，状类鹅子，久乃伞开，味殊甘滑，不谢稠膏……"这里的"鹅膏蕈"就属于鹅膏科。

鹅膏科包含著名的可食用的鹅膏，如欧洲市场上深受欢迎的"恺撒鹅膏"，以及在我国广为人知的"鸡蛋菌"、"黄罗伞"和"草鸡坝"等。同时，该科还囊括大量有毒的鹅膏，如：致命鹅膏、灰花纹鹅膏和黄盖鹅膏等，误食会造成急性肝损伤；假褐云斑鹅膏、赤脚鹅膏等，误食会引起急性肾损伤；毒蝇鹅膏、土红鹅膏、残托鹅膏等，误食会导致神经精神状疾病。因此，鹅膏科是毒蘑菇的大本营。鹅膏科真菌物种繁丰，全球有700余种，与十余个科的植物形成菌根共生关系，物种形态各异、结构类型多样、生态分布广泛、趋同进化和隐形种现象并存。

几种常见的毒蘑菇

死亡帽

被认为是世界上毒性最强的蘑菇，含有鬼笔毒素与鹅膏蕈碱两种毒物，仅仅食用30毫克便足以致人死亡。死亡帽为一种剧毒的担子类真菌，在全球范围内，这种看似无辜的真菌是多数与蘑菇有关的死亡事件的罪魁祸首。

双孢鹅膏菌

一般分布于针阔混交林和落叶阔叶林，有白色的光滑菌盖，直径可以达到 10 厘米；菌柄长 8—14 厘米，粗 2—5 厘米；有菌托，较厚，呈苞状。越新鲜的双孢鹅膏菌，毒素含量越高。

伞形毒菌

是一种可以使神经受损的剧毒真菌，它有几个亚种，分别呈现黄色、棕色、粉红色等颜色。

鹿花蕈

分布于中国的吉林、西藏等地区。毒性因人而异。中毒症状一般分为胃肠炎型、神经精神型、溶血型、脏器损害型和日光皮炎型 5 种。其中胃肠炎型和神经精神型潜伏期一般为半个小时至 6 个小时，最短在进食 10 分钟后即发病。

研究者建议，凡色彩鲜艳，有疣、斑、沟裂、生泡流浆，有蕈环、蕈托及奇形怪状的野蘑菇均不要食用。但须知有一部分毒蘑菇，包括有剧毒的白毒伞等，与可食蘑菇极为相似，如没有充分把握，仍以不随便采食为宜。若不慎误食，应立即就医，并保留样品供医生救治参考。

3-5 茄科植物真的有毒吗?

最近一段时间,"茄科蔬菜"被一些人加入了损害人体健康的"黑名单"。这些人认为,像番茄、辣椒、茄子和土豆等茄科家族的成员,为了防止被吃掉会分泌某种毒素,这种毒素对人体健康有害。

龙葵

这种说法源自一种有毒的浆果——龙葵,它也属于茄科植物。尽管如此,这并不意味着这个大家庭中的所有植物都是有毒的。营养丰富的茄科植物是地球上一些最健康饮食模式的基础,比如地中海饮食。

凝集素是什么?

有些人认为茄科蔬菜中的"毒素",是一种叫作凝集素的化合物。凝集素属于蛋白质,是肉类的主要组成成分。但茄科植物的凝集素与肉类中的蛋白质略有不同,因为它们附着糖,这意味着它们可以使细胞结合在一起。因此,那些认为凝集素有害的人觉得它会导致人体潜在的损伤和疼痛,如关节炎。其实,简单的烹饪就可以分解这些凝集素。

另一个关键点是,植物中的凝集素含量各不相同。有些植物中含有大量凝集素(如芸豆),必须做熟才可以食用;凝集素含量少的食物(如西红柿和辣椒)可以直接生吃。

芸豆

植物产生凝集素是为了不被吃掉吗?

有人认为植物制造凝集素的原因是防止被吃掉,因此凝集素必须对食用者造成一定的伤害才能达到这个目的。他们认为凝集素会引起炎症,使关节炎恶化,但是最新的研究中,几乎没有证据证明这一点。

植物是否会产生某种物质对人体造成伤害至今仍不清楚,不过越来越多的证据表明,植物中的许多化合物都具有有益作用。多酚是一类苦味化学物质,存在于多种水果和蔬菜中,可以阻止植物被吃掉。研究表明,多酚可以降低患心脏病和中风的风险,甚至可能降低患痴呆症的风险。

虽然凝集素没有明显的好处,但这些天然存在的化学物质经过

枸杞果和枸杞干

烹饪后很容易被破坏。所以，凝集素不是问题。而"茄科蔬菜"中的维生素、矿物质和多酚的含量丰富，纤维多，对人体健康有很大的益处。

许多认为茄子、西红柿等"茄科蔬菜"有害的人，却又偏爱枸杞，事实上，枸杞也属于茄科植物。

枸杞浆可以防止皮肤干燥，延年益寿，枸杞在传统中医药治疗中占据着重要的位置。它富含维生素A和维生素C，有很高的营养价值。但是，目前尚无证据证明它有超出其他种类浆果的健康益处。

所以当别人告诉你多吃或不吃某种水果和蔬菜时，不用过分担心，尽量做到每天多吃不同种类的水果和蔬菜，以最大限度地摄入各种健康物质，并保证在进食之前妥善存放和清洗它们，你就可以尽情享受了。

海草：沉船宝藏的守护者

多年以来，大洋深处的海草草甸始终是许多无价之宝的避风港。电影《泰坦尼克号》中的巨大蓝钻"海洋之心"一直是许多海底探险家的精神寄托，许多小说和电影围绕着这个主题，讲述人们历经磨难，扒开草甸，探索无尽海底的故事。海草草甸将数以千计的沉船完好地保护起来，这些沉船里藏着宝藏及古人远洋航行的信息。

海草

第3章

沉船的"被子"

科学家研究发现,千百年来,隐藏在大洋深处的海草草甸通过捕获沉积物和微粒并在生长时将这些物质慢慢沉淀,逐渐形成了覆盖整个海底的"地毯"。

海草沉淀物的化学结构是它们能够保护沉船和船只沉没前情景的关键。这种结构具有非常好的防腐效果,它形成了一层厚厚的沉积物层,将这些古迹与氧隔离,使船上的木材和其他材料不会被腐蚀。

海底沉船

希腊南普拉索尼思岛水下被海草包围的罗马沉船上的双耳陶罐

渐渐消失的海草保护层

然而,海草草甸正在经受来自气候变化和人类活动导致的环境压力。之前在海草沉积物下保存完好的沉船和考古遗迹正在受到破坏。一旦失去了海草这个保护层,这些沉船很快就会损坏。也就是说,如果失去了海草,我们就会失去海底文化遗产。

在地中海,逐渐消失的海草草甸已经将许多有上千年历史的腓尼基(今黎巴嫩地域)、古希腊和古罗马时期的船只和货物暴露出来。除非这种趋势能够被抑制,否则暴露的频率只会越来越高。正因如此,科学家们已经开始与时间赛跑,抢救这些遗产。

据估算,在澳大利亚周边海域有大约7000艘沉船。海草的消退使得"詹姆斯马修"号(1841年在西澳大利亚的科克本湾沉没的贩奴船)在1973年被发掘出来,同时被发掘出来的还有"悉尼湾"号,这艘船于1797年在塔斯马尼亚的保护岛搁浅，幸存者不得不徒步700公里才到达悉尼。

"詹姆斯马修"号沉船上的物品和船体的碎片被送到西澳大利亚博物馆中进行修复和研究。同时，因为在"悉尼湾"号上发掘出了啤酒桶，人们用桶中发酵了220年的酵母重新酿造出了新的啤酒，并将它贴切地命名为"沉船"。

寻找沉船

科学家们正在试图将海草草甸的地图和沉船的信息进行拟合。他们希望可以通过描绘海床下图像的声学技术，在不破坏海草草甸的情况下获取水下信息。随后考古学家们可以进行受控的考古发掘，从而记录并保护大洋深处的遗产。

此外，科学家们还相信，在海草草甸之下十分有可能埋藏着远古时期的澳大利亚原住民的遗迹。在大约6000年以前，澳大利亚周围的海平面上升，当时很有可能将沿海地区的一些居民点淹没，这些遗迹现在正在海草下面沉睡。

但是，有一些前车之鉴又使科学家们对发掘心存疑虑。美国佛罗里达州海岸的一些寻宝人使用了一种被称为"邮箱"的破坏性技术，试图寻找沉没在那里的西班牙盖伦船上的黄金。他们在沉积物上打孔，然后将沉船洗劫一空。这种行为不仅破坏了遗迹上的海草草甸，还对考古遗迹造成了不可挽回的损害。

海草草甸上的沉积物也可以帮助人们建立环境条件变化的档案，这其中也包括人类文明留下的遗迹。这些档案可以用于追溯海岸区域内的农业、采矿、金属冶炼等人类活动对土地的使用，以及所造成的变化，此外还可以观察到在不同的文明中殖民化所带来的改变。就像南极冰芯可以帮助科学家们了解地球气候和环境变化的信息，这些海

盖伦船模型复原图

草档案甚至可以帮助人们理解、预测并应对今天的环境变化。

但是，这一切的前提是，人们必须首先意识到海草是非常有价值并需要保护的资源。它看起来是那么平淡无奇，却可以帮助人们完成十分重要的事情，包括吸收空气中多余的二氧化碳，支撑整个生态系统，还能保护沉睡的宝藏。

3-7 珊瑚得了白化病还能自救吗？

在热带、亚热带的浅海底，有许多五彩斑斓的珊瑚，它们可以在海底绵延成百上千米，十分壮观。但是，当海洋环境发生变化、海水温度升高时，这些珊瑚就会从彩色变成枯骨般的白色，这种现象称为"珊瑚白化"。

珊瑚为什么会得白化病？

珊瑚看上去像植物，实际上是由许多腔肠动物珊瑚虫聚合生长的群体生物。这些珊瑚虫能分泌出碳酸钙，用以构成自身的骨骼。成千上万的珊瑚虫骨骼与钙藻、贝壳堆积在一起，便形成了微型的生态系统——珊瑚礁。

珊瑚体本身的颜色是与碳酸钙一样的白色，而我们所看到的珊瑚颜色取决于依附在珊瑚身上的共生藻类。这些藻类只能生活在温度为18℃~30℃的浅海底，可以通过光合

白化的珊瑚

五彩斑斓的珊瑚

3-7

珊瑚得了白化病还能自救吗？

第3章 植物大本营

珊瑚礁

作用为珊瑚提供养分。

科学家认为，由于地球气候变暖，海水温度越来越高，珊瑚和藻类的共生关系遭到了破坏，藻类不得不离开珊瑚体，珊瑚也失去了藻类带有的色素，得了"白化病"。

珊瑚白化的可怕后果

科学家对佛罗里达礁岛群洛埃·基（Looe Key）国家海洋自热保护区进行研究，发现导致珊瑚白化的原因不仅仅是全球变暖，还有多种来源的活性氮。污水和化肥的处理不当，导致海洋中的氮含量升高，造成珊瑚缺磷，进而降低了珊瑚"白化"的温度阈值。也就是

3-7

珊瑚得了白化病还能自救吗？

说，这些珊瑚礁很可能在受到水温上升的影响之前，就已经死亡了。

科学家收集了该区域1984~2014年的相关数据、海水样本和大量的珊瑚藻，监测了活珊瑚的情况，并研究了海水中氮、磷、硅、铁等营养元素对珊瑚藻生长的影响。研究发现，洛埃·基保护区的活珊瑚覆盖率已经由1984年的近33%下降到了2008年的不足6%，而氮含量超标可能是保护区珊瑚礁退化的主要原因。陆基营养物径流提高了珊瑚藻的氮磷比（N∶P），磷含量越低，珊瑚的代谢压力越大，珊瑚礁也更容易"饿死"。

珊瑚在生存条件恶劣时会褪色、发生"白化"现象，然而，有些珊瑚褪色后，又会呈现出炫目的彩色，这究竟是为什么呢？科学家称，白化的珊瑚又变成彩色是它们对恶劣的生存环境做出的应激反

101

应。科学家按照以下步骤进行了一系列实验：

第一步，用聚焦的红光照射健康的珊瑚，诱使珊瑚白化。在照射红光前，珊瑚没有呈现荧光色，即没有产生色素。

红光照射11天之后，可以明显观察到珊瑚发生了白化。

第二步，利用低能量的绿光和高能量的蓝光照射白化的珊瑚。29天后，曝光在绿光下的珊瑚没有明显变化，曝光在蓝光下的珊瑚出现

白化的珊瑚

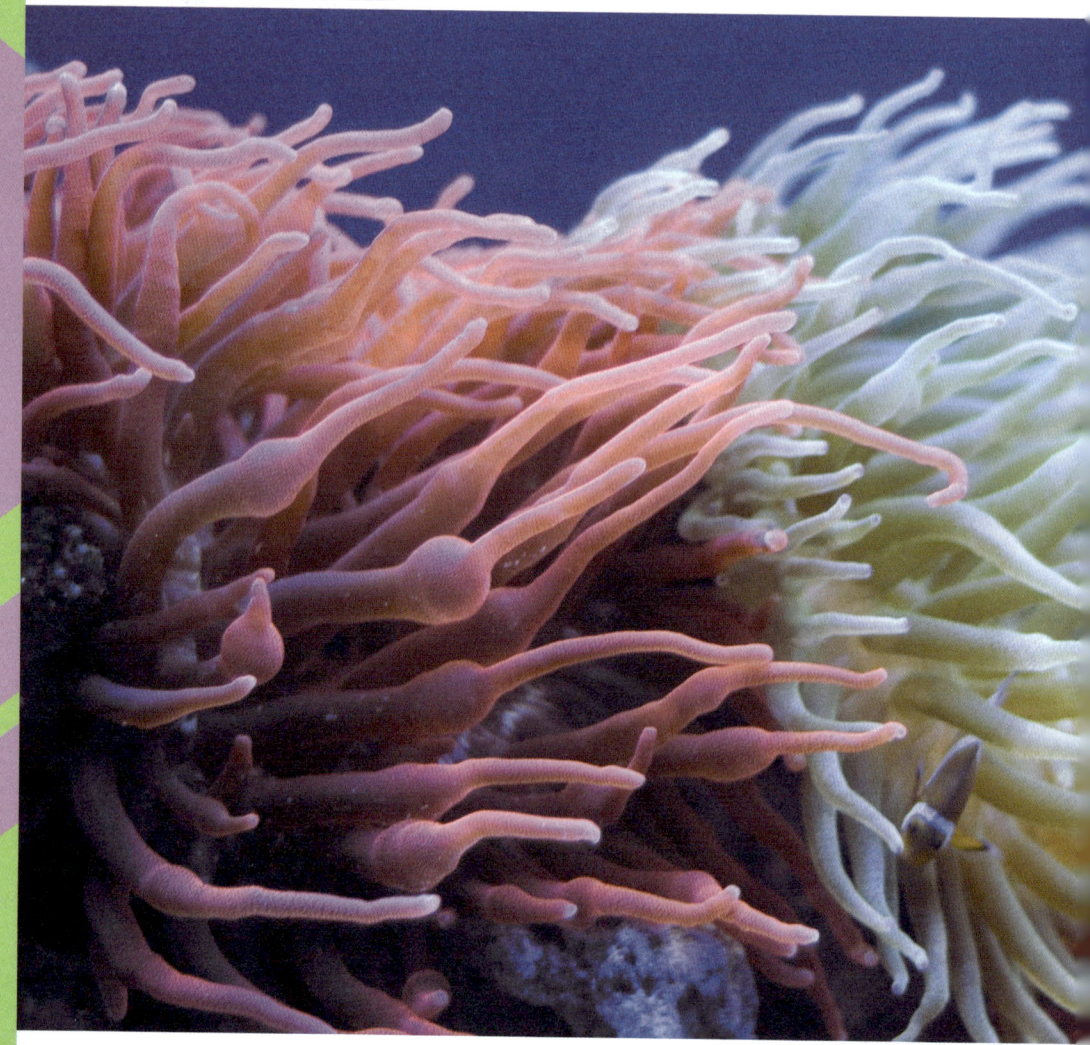

了明显的荧光色。

这说明，白化的珊瑚为了避免被高能量的光灼伤，会产生荧光蛋白和色素蛋白，从而产生色素，吸收部分光线，使珊瑚呈现出不同的色彩。

第三步，将健康的珊瑚分为两组，让它们生活在适宜的水温中，给第一组珊瑚充足的营养，而第二组珊瑚则减少营养（缺少营养也会导致珊瑚白化）。

6周后，营养不足的白化珊瑚产生了荧光色素。这说明，由于营养不足等其他因素导致的珊瑚白化，也会让珊瑚产生色素，最后导致变色。

科学家认为，无论导致珊瑚白化的原因是什么，珊瑚白化后接受高能量光的照射，才是珊瑚变色的原因。

珊瑚产生的色素能够降低强光的反射和散射，珊瑚内部的光通量减少后，刚好适宜共生藻类居住，藻类和珊瑚又可以重新建立起共生关系。因此，珊瑚不用再产生色素保护自己，又变回了初始的模样。也就是说，白化的珊瑚又变成彩色，可能是珊瑚的一种自我保护行为。

目前，珊瑚面临着严峻的生存危机，我们不仅应该采取正确行动应对气候变化问题，还应该建立健康的捕鱼方式，采取多种措施来解决氮含量超标问题，比如改善污水处理情况、减少化肥使用等，彻底拯救濒危状态的珊瑚。

第 4 章
十万个为什么

第4章

4-1
为什么有的动物会有粉红色耳朵？

十万个为什么

无论是人还是别的动物，都离不开耳朵这一听觉器官。为什么很多动物看起来都有一双粉红色的耳朵呢？

兔子

动物耳朵附近的皮肤有很多血管，有助于保持正常的体温，这使得耳朵呈现粉红色。

不过大自然中的大多数动物，耳朵并不是粉红色的，而是有不同的形状、大小和颜色。

进化决定了动物的皮肤颜色

进化论认为，动物为了更好地适应环境和繁衍后代，会改变它们的外观，提高捕猎（或防止被捕杀）的能力以及学习如何吸引同类配偶等，所有这些适应性改变都提高了动物的生存概率。此外，进化对动物的肤色也有影响，在炎热气候中的动物通常具有深色的皮肤。

在炎热的赤道附近，动物的皮肤颜色往往较暗，包括耳朵。例如，非洲象的耳朵就很黑。非洲象是耳朵最大的动物，耳朵直径约为2米，听觉非常敏锐。

达尔文

由于耳部的褶皱很多，大大增加了散热面积，所以非洲象的耳朵更像是两把调节体温的大蒲扇。它就是靠不停地扇动两只大耳朵，使耳部的血液加速流动，达到散热降温的目的。在较冷的气候中，动物的肤

第4章

十万个为什么

非洲象

色通常较浅，呈粉红色，而且许多浅色皮毛的动物，都有粉红色的皮肤。人类也是如此。早期人类的皮肤颜色（包括耳朵的颜色）通常较浅，因为他们从非洲迁移到了寒冷的居住地。

为什么在不同气候下生活的动物，肤色会有所不同呢？

皮肤的颜色一般是色素沉淀导致的，皮肤色素可以防止晒伤和预

沙漠中的狐狸

防皮肤癌。生活在世界上较冷或较阴暗地区的动物，不需要这种色素沉淀就能生存下来，而且浅色皮肤还可以帮助它们保持体温，因为可以减少热量损失。

对于大多数物种来说，它们的皮毛或羽毛等身体覆盖物的颜色通常演变为伪装色。这使它们能更好地融入环境，避免被吃掉，或者在捕食其他动物时更好地隐藏，例如沙漠中的狐狸——耳郭狐的沙色皮毛。

一些动物即使有羽毛、鳞片或是棕、橙、白等颜色的皮毛，它们的皮肤也可能是浅色的。如果动物的耳朵没有太多的毛或羽毛，它们的浅色皮肤就会呈现粉红色，这是靠近耳朵表面的血管较多导致的。

为什么有的动物会有粉红色耳朵？

动物耳朵的大小

动物的耳朵有不同的形状和大小。有些动物的耳朵是为了更好地适应环境,例如蝙蝠、薮猫和耳廓狐,它们的耳朵从比例上看都较大,这有助于提高听力,使它们检测到更多的声波。

相比之下,鼹鼠的耳朵非常小,因为它们需要挖洞,大耳朵会妨碍它们的活动。而生活在寒冷地区的动物,耳朵也普遍较小,这有助于减少热量流失,例如北极狐的耳朵就比较小。

大自然中充满了声波和信号,而其中的大部分信号人类是听不见的,动物却可以听见。究其原因,都依赖于它们神奇的耳朵。我们应该多研究动物们神奇耳朵的原理,从而创造出利于人类进步的发明。

4-2 人类的近亲——猿为什么不会说话?

我们都知道,鹦鹉会说话。有些人可能也见过大象、海豹或鲸鱼模仿人类说话的声音。那么,为什么与我们亲缘关系最近的灵长类动物猿却不能像人类一样说话呢?

海狗

第4章

十万个为什么

灵长类动物

　　动物学专家的最新研究显示，猿有着标准的发声构造，却没有发育出足够的智力来掌握这种能力。

灵长类动物的语言能力

　　几个世纪以来，科学家们一直很想解释这一现象。有些人宣称，非人灵长类动物并没有正确的身体结构来发出与人类一样的声音，人类之所以能讲话，是因为我们的发音器官发生了改变，逐渐进化出话语能力。但是比较研究显示，喉和声道的形状及功能在绝大多数灵长类动物种类之间都非常相似，包括人类。

这表明，灵长类动物的声道已经"准备好发声了"，但是绝大多数物种并不具备控制"说话"这种复杂发音的神经能力。1871年，查尔斯·达尔文写道："大脑的重要性无疑要多得多。"

科研人员研究了每种灵长类动物可以发出的不同声音与其脑部结构之间的关系，结果显示，金树熊猴只使用过2种不同的声音，黑猩猩和倭黑猩猩则可以发出约40种声音。

金树熊猴

这项研究成果专注于大脑的两种特性：管理自动控制行为的皮层联络区，以及参与发声肌肉神经控制的脑干核团。皮层联络区存在于新皮层，是高阶大脑功能的关键，被认为是灵长类动物复杂行为的基础。

结果表明，皮层联络区的相对大小和灵长类动物发声能力的大小是正相关的。简单来说，皮层联络区更大的灵长类动物往往能发出更多种声音。但有趣的是，灵长类动物的发声能力与其大脑的整体大小并无关联，只是与这些具体区域的相对大小有关。

科研人员同时也发现，猿的皮层联络区和舌下神经核比其他灵长类动物要大得多，舌下神经核与控制舌肌的颅神经相关，这表明，我们最亲近的灵长类亲戚可能比其他灵长类物种更能自由、精确地控制自己的舌头。

通过理解发声复杂性和大脑结构之间的关系本质，科研人员希望能够找到推动人类祖先进化出复杂的语言交流能力的关键因素。

语言能力的进化

关于语言能力的起源一直议论纷纷。众所周知，1866年，巴黎语言学会禁止在出版物上进行任何此类话题的讨论，因为这一话题被认为太不科学。但是在过去几十年，由于一系列证据的出现，该领域的研究取得了一些进展，例如对其他物种交流能力的研究、化石研究，以及遗传学手段。

研究显示，草原猴等灵长类动物能够使用"词语"标注物体（在人类语言中，这属于语义学范畴）。有些物种甚至可以将叫声结合成简单的"句子"（句法范畴）。这让我们更进一步了解到语言的早期进化，探究数百万年前我们和这些物种的共同祖先可能已经出现的语言基础。

4-2

人类的近亲——猿为什么不会说话？

草原猴

舌骨

化石记录也有迹可循。语言能力本身当然不会变为化石，因此研究者们开始在灭绝的人类远亲骸骨中寻找可以替代的证据。例如：舌骨（声道中唯一的骨头）的位置和形状可以告诉我们语言的起源；胸椎管直径（连接胸腔与神经系统）、舌下神经管（神经穿过此处通向舌头）等部分可以告诉我们呼吸或语言的产生；中耳里小骨头的大小和形状也可以告诉我们语言的感知。但总体而言，单靠化石记录实在难以得出任何强有力的结论。

最后，对比人类和其他物种的遗传学信息也能让我们从另一角度探究语言的起源。人们经常讨论的基因FOXP2与语言能力有关。如果该基因突变，就会导致人类学习和进行复杂口腔运动的能力障碍，以及广泛的语言能力缺乏。

人们一直以为，人类FOXP2基因上的DNA序列改变是人类一种独有的特质，与我们独特的语言能力有关。但是近期研究显示，在一些灭绝的人类远亲身上，这些突变同样存在，而且这一基因（有可能与语言能力有关）发生变化的时间可能比我们认为的要久远得多。

科技在不断发展。如今，人们已经可以为灭绝物种进行古DNA测序，掌握了更多与语言相关的神经生物学知识，这都为该领域的大步发展提供了工具。展望未来，这一颇具争议的复杂领域很可能会依赖于大范围的交叉学科合作。对比一系列物种特性所采用的比较研究方法曾是达尔文采用的基本方法，此类研究无疑会为人类语言行为的进化做出重要的贡献。

4-3 猫咪睡觉时为什么把身体蜷成一团?

蜷成一团的猫

睡觉时,我们可以做个试验:先把身体蜷成一团,再将身体伸展开,相信你马上就能得出结论:第一个姿势比较暖和。猫咪睡觉时把身体蜷成一团也是这个道理,因为这样能使身体暴露在冷空气中的面积大大减少，散发的热量也更少，当然也就更暖和。如果猫咪也是数学家，它就会这样总结：体积相同时，球体的表面积最小。

　　当然，猫咪并不懂什么数学原理，它只是在漫长的时间里进化出了与环境最相适应的行为方式，这就是大自然的智慧。

　　大自然并不偏心，它把这种美妙的智慧同样也赐予了很多动物和植物。比如，蜘蛛就在它的丝网上写下了好多秘密。蜘蛛网匀称、复杂、美丽，就算是木工师傅使用圆规和直尺制作出来的也难以媲美，而当科学家用数学方程和坐标系来研究蜘蛛网时，他们惊呆了：平行线段、全等对应角、对数螺线、悬链线和超越线……这些复杂的数学

蜘蛛结网

概念，竟然都应用在了这小小的蜘蛛网上——不！与其说是蜘蛛应用了数学原理，倒不如说是人们从蜘蛛网的精妙中感受到了大自然的智慧。

　　比蜘蛛还要小的珊瑚虫，其身体就是一本大自然的史书，它们每天在体壁上记下一条环纹，一年就是365条，遇到闰年就是366条，精确无比。生物学家通过研究发现，在3.5亿年前，珊瑚虫的身体上每年有400条环纹，这说明当时地球上的一昼夜只有21.9小时，一年有400天。如果不是这些珊瑚虫，人类又怎能重现几亿年前地球的模样呢？

海星

而我们熟知的黄金分割数0.618，也并不是专属于蒙娜丽莎和维纳斯的——确切地说，是艺术家向大自然学习，才创造出了美的作品。仔细观察一片枫叶，你会发现，它的叶脉长度和叶子宽度的比例，近似0.618。蝴蝶身长和翅宽的比例、鹦鹉螺壳上相邻螺旋的直径比例，也都接近0.618。

就连我们最喜欢画的图案——五角星，其美感也是从数学而来的。我们可以找一张正五角星的图片，拿出尺子量一量，算一算。你将会得出一个惊人的结论：五角星上的每一条线段都符合黄金分割数。而在自然界中，海星、阳桃、莺萝等也都是完美的五角星形。

杨桃

4-4 为什么猫爪子上有"白手套"?

在众多宠物中，家猫敏捷、黏人和贴心，深受人们喜爱。如果你注意观察，会发现很多家猫有白色的爪子，主人亲切地称其为"白手套"，但在野猫中却很少见。

野猫和家猫有很近的亲缘关系，为什么会有这种差别呢？科学家认为：人类从一万年前开始驯化野猫，正是这种驯化使猫出现"白手套"和不同的毛色图案；人类的群居行为以及农耕活动，导致了粮仓以及垃圾堆的出现，这些东西很容易吸引啮齿动物（比如老鼠）。于是，驯养野猫成了一件互惠互利的事情：人类的粮食因猫的存在而得到保护，猫也不用为了食物而奔波。

猫爪的"白手套"特征

草原斑猫又称野猫，是现代家猫的共同祖先。野猫生活在非洲和亚欧大陆，有些野猫甚至生活在西西里岛的活火山（埃特纳火山）上。这种猫科动物在幼时曾被当地人抓来当作食物，没被抓到的长大后则变成了优秀的捕猎者。它们的皮毛带有伪装效果，有利于在野外生存和繁殖，但并非每一只野猫的毛都能在栖息地中起到伪装效果。

关于人类在早期如何选择野猫进行驯化并没有很多证据，但科学

白色的猫爪

为什么猫爪子上有"白手套"？

家认为，从现代家猫的皮毛颜色可以看出，人类祖先喜欢驯化的猫毛色应该不利于其伪装。在原始混交林、灌木丛或沙漠环境中，有白色爪子的猫会在掠食者和猎物面前太过扎眼，不利于躲避危险。但是，当人类开始对猫产生兴趣时，白色的爪子会令它们脱颖而出。比如，有人会说："那只小猫的脚是白色的，太可爱了，我们养它吧。"就这样，家猫的"白手套"特征就保留下来了。

猫的皮毛颜色之谜

猫毛遗传基因决定猫毛的颜色、图案、长度和质地，因涉及很多基因，所以理解其中的奥秘颇具挑战性。一般情况下，控制猫毛颜色的基因只有两种：黑色色素基因和红色色素基因。猫有不同颜色的毛，正是因为这两种色素互相搭配沉积的方式不一样。决定猫毛颜色和斑纹的细胞是在猫胚胎发育时出现的，这种细胞被称为神经嵴细胞，位于小猫胚胎的背部。所以，除了纯白色的猫，很少有猫背部的毛是白色的。含有两种色素的神经嵴细胞从背部向小猫身体的其他部位扩散，如果扩散得很均匀，就会形成纯色的小猫。黑色色素扩散均匀会形成纯黑色的猫，红色色素扩散均匀的猫会呈现橘色，也就是深受喜爱的橘猫。

研究发现，猫的KIT基因存在突变，会使色素细胞不完全分布，而色素细胞到不了的地方就会长出白色斑点，尤其是在爪部、脸部、胸部和腹部。这其实属于一种遗传病，不过对猫的健康影响不大。

白猫

橘猫

三花猫的小故事

　　三花猫是一种常见的家猫，专指身上有黑、红（橘）、白三种花色的猫，你观察过它的性别吗？通常来讲，三花猫绝大多数是母猫，出现公猫的概率极低，且三花公猫一般都存在生育缺陷。这是什么原因造成的呢？

　　猫的皮毛颜色基因跟性别相关（XX是雌性，XY为雄性），X性染色体上携带颜色基因，Y性染色体上没有颜色基因，白色皮毛基因与猫的性别无关。因此，公猫最多有黑/白或者黑/红（橘）两种颜色，而母猫则有可能出现三种颜色，即三花猫。

第4章

十万个为什么

三花猫

　　那么，公猫一定不会出现三种颜色吗？事实上，在胚胎时期有一定的概率出现XXY染色体，这样的公猫就是三花猫，但这会影响公猫的生育能力。三花猫出现公猫的概率极低，很多人认为这是一件幸运的事，如果你养的三花猫恰好是公猫，一定要好好对待它！人类祖先可能最初驯养猫是为了消灭啮齿动物保住粮食，没有想到猫的魅力如此大，"撸猫"成了时下潮流。不管花色如何，猫都是人类的好伙伴，我们应该善待它们。

4-5 恐龙缘何种类繁多？

平均每过十年，就会有新型恐龙物种被学者们发现，并向社会和公众发布消息。毫无疑问，如何判断并界定物种的类别，着实是一项令科学家们感到棘手的问题。无论依据哪一位古生物学家的计算方

恐龙

第4章 十万个为什么

恐龙

式，恐龙种类之多已成为不争的事实。据了解，当前已知的恐龙种类约有700~800种，而其物种总计可能多达几千种。那么，恐龙缘何会变得如此多种多样呢？

首先，对于全球范围内为何曾经存在种类如此繁多的恐龙这个问题，人们脑海中必须有相关的概念界定。一项研究曾试图通过"种—面积效应"（一定地域内物种数量随着面积增大而增加的现象）来估算地球上恐龙种类的总和。这一效应不断地暗示科学家们：如果他们能够了解世界范围内任意小型区域所能承载的物种极限，便可以推测全球范围内所存在的物种数量。同时，这些科学计算还暗示着：在大约6600万年前，中生代结束，彼时的恐龙种类介于600~1000种之间——然而，这些关于当时未灭绝的恐龙"持续分异程度"（恐龙物种数量）的统计，仅仅集中在当时短暂的时间点之上。

似乎这些理论与研究依然被纳入合理估计的范畴：对于那些彼时存活于陆地之上的哺乳动物而言，如果将体重大于1千克（1千克为迄今发现的最小恐龙的体重）的群体全部纳入统计范畴，并将诸如猛犸象、地懒，以及巨型袋鼠（现发现其种群多样性的消亡是人为因素导致）全部计算在内，那么，这样的科学统计结果才得以勉强站稳脚跟。

然而，上述这一切仅仅是基于物种数量在某一时间点上的统计，但恐龙曾在地球上存在了很长时间。在漫长的中生代时期，不同种类的恐龙纷纷出现，并不断进化，直至灭绝。如果仅仅通过快速和粗略的估计，并且将恐龙种类总数为1000种的假设建立在任何单一且孤立

剑龙

第4章

翼龙

的时间点上,最后通过每一百万年作为一个时间轴,使得恐龙种类总数得以翻倍,那么,结论如下:在恐龙统治地球的1亿6000万年时间里,恐龙种类应该是1000种的160倍——也就是惊人的16万种。换言之,在这个星球之上,曾经存在着种类难以计数的恐龙。

毫无疑问,这仅仅是一种粗略的统计。而这一统计的前提建立在许多假设之上,例如,这个星球能够承载的恐龙数量的极限是多少?

各种各样的恐龙

这些恐龙如何诞生、进化，并最终走向灭绝？再比如，假设学者们选取一种较低的分异程度——500种，和一个较慢的进化演变周期——即物种存在年限约为200万年，那么，科学家们大概可以通过统计得到一个物种总数：5万种。然而另一方面，基于中生代时期的温度与植被覆盖情况，合理的持续分异度约为2000种；同时，这些物种的合理存在年限仅为"短短的"50万年。然而，最终得出的总数竟然多达50万种。基于此，科学家们认为，如果将存在于中生代的鸟类排除在外（因为鸟类可能会使种类数量翻倍），恐龙种类的总数应介于5万至50万之间。

问题也随之而来：为何会有种类如此之多的恐龙存在？归根结底，从物种角度而言，原因主要源于三个方面：恐龙对环境具有极强的适应性，并呈现出本土化和不断形成进化的趋势。

适应性

对于自然界而言，恐龙的存在曾经很好地诠释了适者生存的含义：它们善于发掘不同的生态位（一个种群在生态系统中，在时间、空间上所占据的位置及其与相关种群之间的功能关系与作用），从

各种各样的恐龙

第4章

十万个为什么

霸王龙

而使得不同种类的恐龙能够远离竞争状态，和谐相处，共同生存。在北美洲西部地区，巨大的肉食性恐龙雷克斯霸王龙（一种体形巨大的暴龙，俗称霸王龙）能够与小型肉食性恐龙驰龙共同生存；体形巨大且脖颈很长的蜥脚类恐龙是巨型草食类恐龙，而同样以蕨类和花类为食的角龙类恐龙却能与其共处一地；此外，该地区还曾经共存着包括肿头龙和似鸟龙在内的小型草食类恐龙，以及以捕食鱼类为生的苍鹭，甚至包括食蚁兽在内的食虫类动物，这意味着恐龙甚至能与其他同食类物种合理共存。

在这些生态位中，适应性的划分与界定更加细致。雷克斯霸王龙体形庞大，还有巨大且强健的上下颌，但其上肢却退化得异常短小；而三角龙虽然皮甲粗厚，却因为体重过大，造成移动缓慢。基于此，前者的体形构造对于猎捕后者而言，优势占尽。作为雷克斯

恐龙缘何种类繁多？

第4章

霸王龙的近亲，矮暴龙的体形相对较小，却拥有马拉松运动员般的瘦长腿，在掠食过程中更容易捕获到速度快的猎物。根据科学家们近期对动物群的相关研究：在同一栖息地内，许多不同种类的恐龙能够和谐共存，而这一类别的数量竟可以达到惊人的25种之多。

本土化

本土化可以用来解释为何不同地域范围内曾经存在不同的恐龙种类。在蒙古地区，曾生存着许多动物：暴龙、鸭嘴兽和鸵鸟龙。该

霸王龙捕食

恐龙缘何种类繁多？

鸭嘴兽

栖息地位于沙漠地带,但中心地带有郁郁葱葱的沙漠三角洲;而仅仅在数公里之外,小型角龙和鹦鹉头状的窃蛋龙则傍沙丘地域而栖息。科学家们得出结论:基于恐龙种类在不同区域所呈现出的差异性,它们的种类还在不同大陆之间呈现出差异性。举例来说,彼时北美大陆的不同区域,便生存着种类截然不同的恐龙。而在不同大陆之间,这样的种类差异更加明显。在白垩纪晚期,北美大陆和亚洲大陆曾经被暴龙、鸭嘴龙和角龙所占据;而在非洲大陆和南美大陆,由于地壳运动所造成的海洋阻隔,使得二者与其他大陆板块分隔了几千万年。因此,这两大洲派生出了完全不同的物种体系:除暴龙外,头部有角的阿贝利龙(阿贝利龙科的一个分支)成为食物链顶端的肉食类恐龙;除鸭嘴龙外,长颈雷龙是当地主要的草食类恐龙。

永不停歇的进化

最令人惊讶的是,恐龙能够以惊人的速度衍生出全新的物种,并完成进化。放射性纪年法已然使探测岩石中是否存在恐龙化石成为可能,并且能够在此基础之上估算出恐龙的存活年限。举例来说,形成于美国蒙大拿地区的地狱溪岩层的岩石,沉淀时间应刚好超过200万年。在地层的底部,科学家们发现了一种恐龙化石——恐怖三角龙;而在地层的顶部,他们找到了另一种三角龙化石——优美三角龙化石。

至少从地质学角度讲,这一切暗示着单一恐龙种类的存在时间最多可达100万年,但通常要比这一时间短。而针对其他地层和其他角龙的研究则表明,其他不同种类恐龙的存在时间也十分短暂。在加拿大恐龙公园荒地中,科学家们能够寻找到三种不同组合种类的恐龙化

三角龙

恐龙化石

石，而这三种组合存在交替关系，即第一种被第二种取代，而后者又被第三种所取代。而取代时间（也就是进化时间）通常为200万年左右。正是因为曾经全球范围内海洋、气候、大陆，甚至是其他不同种类恐龙进化所造成的影响，恐龙以惊人的速度完成进化；如果彼时某些种类的恐龙无法适应高强度的进化节奏，那么它们必将灭绝。

  对于曾经有多少种恐龙存在于这个星球之上，人们很难得出确切的数字。对于任何一种动物化石而言，无论是其自身价值还是保存价值，对人类来说都弥足珍贵。而对于恐龙而言，它们早已灭绝，却为人们留下了成百上千甚至成千上万种化石，这更加弥足珍贵。然而更令人惊讶的是，关于恐龙的探索在这些年才开始呈现增长态势。也许，对于那些已经遗失的恐龙物种化石，学者们无能为力，但对于那些留存下来但尚未被发现的化石而言，学者们完全有能力让它们重见天日，呈现在大众面前。

  "一鸟在手，胜过百鸟在林！"尽管对于恐龙研究来讲，许多学者仍处于起步阶段，但对于恐龙化石的发现与研究，终将会为人们揭开更多恐龙的神秘面纱。

4-6 猛犸象为何灭绝?

猛犸象是一种适应寒冷气候的动物。它们生活在冰川世纪,曾经是地球上最大的象之一,也是在陆地上生存过的最大的哺乳动物之一。较大的草原猛犸象体重可达12吨,是现存非洲象一般体重的1.5倍以上。

猛犸象

第4章

猛犸象有粗壮的腿,脚生四趾,头大。母象的象牙长度普遍在1.5~2米;公象的象牙平均长达2.2~2.5米,个别的可以接近甚至超过3米。

猛犸象身披金、红棕、灰褐色的细密长毛,皮很厚,具有极厚的脂肪层,最厚可达9厘米。

猛犸象头骨比现代象的短而高。从侧面看,它的肩部是身体的最高点,从背部开始往后很陡地降下来,脖颈处有一个明显的凹陷,表皮长满了长毛,其形象如同一个驼背的老人。

猛犸象无下门齿,上门齿很长,且向上、向外卷曲。臼齿由许多齿板组成,齿板排列紧密,约有30片,板与板之间是发达的白垩质层。

猛犸象化石

冰河时代的猛犸象

4-6

猛犸象为何灭绝？

1806年，科学家在俄罗斯西伯利亚发现了第一具猛犸象尸体。它们绝迹于3700年前。2007年5月，在西伯利亚西北部的亚马尔半岛上发现了迄今为止保存最完整的幼年猛犸象化石，除了毛发和趾甲不全，这头象的骨骼几乎完整无缺。之后，在阿拉斯加和西伯利亚的冻土和冰层里，不止一次发现冷冻的猛犸象尸体。当地时间2016年5月17日，墨西哥国家人类学和历史研究所的考古学家挖掘出大量猛犸象的象牙化石。

当猛犸象开始灭绝时，第四纪冰期已经开始走向终结，冰期终结的标志就是全球性气候变暖，曾覆盖北半球大部分地区的冰川急剧消融，人类逐步成为自然的主宰者。

第4章

十万个为什么

猛犸象的灭绝之谜

　　大约在20万年前,地球就出现了猛犸象。它们在地球上生活了十几万年之后,横遭灭绝。关于猛犸象灭绝的原因,科学家们提出了许多不同的假说,其中著名的有"气候说"、"环境说"、"人类猎食说"、"食物匮乏说"、"繁衍过慢说"、"近亲繁殖说"等。

"气候说"认为气候变化是导致猛犸象灭绝的重要因素。冰期结束，气温上升，随之而来的干旱让极地的生态环境发生了巨大变化，对体形庞大的动物造成的影响更大。在美洲发现的猛犸象遗骨表明，猛犸象数量下降的时候，正是冰川期结束和地球开始变暖的时期。2万年前气温开始上升，改变了美洲的环境。美国西南部的草地逐渐转变成长着稀疏灌木和仙人掌的沙漠，导致猛犸象无法生存而灭绝。

"环境说"认为由于猛犸象居无定所，当它们迁徙到一个新地方后，对新环境不适应，而导致大批猛犸象死亡，最终走向灭绝。

"人类猎食说"认为猛犸象的灭绝与人类有关。北美古印第安人对猛犸象的大肆捕杀，才是它们灭绝的直接原因。考古学家在猛犸象骨骼上发现了刀痕，用电子扫描显微镜分析证明，刀痕是石制或骨制刀具砍杀所致，而不是猛犸象间互相争斗的结果，更不是挖掘过程中造成的损伤。

考古学家也发现了史前人类对猛犸象的杀戮遗迹，例如有一些留有刀伤的猛犸象牙，以及猎捕猛犸象的工具，证实人类会组成群体，以陷阱或火烧等方式去捕捉猛犸象。

"食物匮乏说"指出，环境的改变致使

沙漠中的猛犸

猛犸象喜欢吃的食物在生存的地区大量消失，而开花植物增多，使猛犸象短时间内无法适应恶劣环境，最终走向灭绝。

"繁衍过慢说"认为猛犸象繁衍速度慢，致使族群数量日益稀少。一头母猛犸象的妊娠期长达两年左右，而且通常一胎只生一头小猛犸象，幼象要长成具有生殖能力的成年象，至少要10年。因此，猛犸象减少的速度远大于繁衍新生的速度，族群数量日益减少，最后终于走上绝种的命运。

最后一种观点是"近亲繁殖说"。2014年4月，新研究指出，从北海挖掘出的猛犸象化石上的一些不寻常的特征表明，1万年前，近亲繁殖可能加速了猛犸象的灭绝。科学家对猛犸象颈椎上一块平坦的圆形区域感到惊奇，这意味着其颈骨处曾连着一块小肋骨，这种罕见的异常情况表明猛犸象有骨骼畸形问题。如果人出现颈肋骨畸形的情况，90%的发病者活不到成年——死因并不是颈肋骨畸形，而是由此导致的其他发育问题。这种情况通常和染色体异常及癌症有关。

科学家们一直对那些灭绝了许多年的生物感到好奇。相比灭绝了数百万年的恐龙，猛犸象灭绝的时间才万年左右，时间更短，它们完整的DNA样本更容易被找到。科学家有可能用保存在冰层中的DNA和组织样本克隆这些灭绝的野兽，这对于地球演变、生物进化及气候变化的研究有重要意义。

4-7 萤火虫为何会发光？

"徂暑初残夜，飞萤遍曲塘""雾柳暗时云度月，露荷翻处水流萤"……古代有不少描写萤火虫的优美诗句。夏季的夜晚，我们总能看到在空中翩翩起舞的点点萤光。萤火虫在它们一生中经历的卵、幼虫、蛹、成虫四个阶段都能发光。你知道萤火虫是怎么发光的吗？

黑夜里的萤火虫

发光的萤火虫

萤火虫发光的秘密

萤火虫发光的秘密在于它的腹部有一个类似灯笼的发光器官,这个器官看起来像一系列的管子,逐渐延伸出更小的管子,就像一棵树的树枝长出小树枝一样。这些管子的作用是为发光器官的细胞提供氧气,而细胞中含有的荧光素酶能够让不同种类的萤火虫发出各种颜色的荧光。

萤火虫通过结合一种叫作荧光素的化学物质、荧光素酶、氧气以及细胞工作的燃料腺苷三磷酸(ATP),就能在腹部的发光器官中发生化学反应。这种化学反应以光的形式释放能量,从而照亮萤火虫的身体。萤火虫发光的目的,除了要照明之外,还有求偶、警戒、诱捕等。发光也是它们的一种沟通工具,不同种类萤火虫的发光方式、发光频率及颜色也有所不同,借此来传达不同的讯息。

萤火虫的仿生学应用

萤火虫曾为科学家制造发光二极管(LED)提供灵感。科学家表示:仿萤火虫结构制造的新型LED可以将发光效率提高到90%。

现有的许多LED灯在其表面蚀刻有金字塔状的微结构阵列,这有助于将产生的光从表面发射出来,而不是被反射回去。而萤火虫腹部的"灯笼"也有这样的结构,可以起到同样的作用。

与LED灯的微结构不同,昆虫身上的微结构是不对称的。这种结

萤火虫腹部的"灯笼"

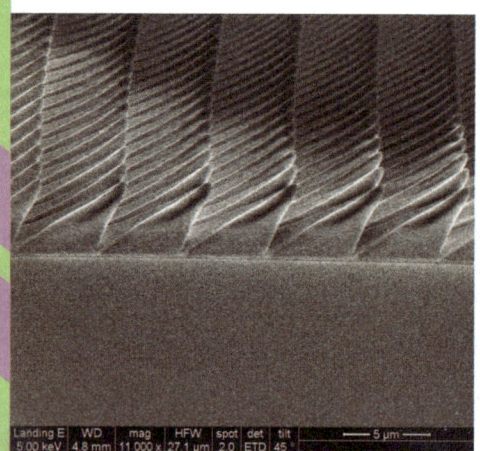 

构能使光与表面进行充分的相互作用，从而减少光损失。当一些光被"金字塔"的两个不同角度的斜坡反射回来时，反射的随机化效应更大，使光更容易逃逸。

于是，科学家利用纳米级3D打印技术，在传统LED的表面创建了一组微观倾斜的"金字塔"。经过测试，这些新型LED具有高达90%的光提取效率。

萤火虫面临的威胁

萤火虫为人类的生产生活做出了巨大的贡献，然而它们现在却面临着威胁。科学家称，全球已知的2000多种萤火虫中，许多种类正濒临灭绝。这到底是什么原因造成的呢？

（1）栖息地丧失。许多野生动物种类正在减

少，是因为它们的栖息地正在缩小。栖息地丧失被认为是萤火虫最大的威胁并不令人感到意外，有些萤火虫需要特殊的条件来完成它们的生命周期（比如马来西亚萤火虫就需要栖息在红树林中），所以栖息地消失就会对萤火虫造成极其严峻的威胁。

（2）光污染。在过去的100年里，科技和电力的迅速发展使得夜间人造光的数量以指数级的速度增长。所有这些新的人造光都在破坏自然的生物节律，并对萤火虫的交配仪式造成了严重破坏。雄性萤火虫依靠生物发光来吸引雌性萤火虫，而雌性萤火虫以闪烁的方式回

萤火虫种群

应，夜晚人造光太强会干扰萤火虫的求偶仪式，进而影响萤火虫种群的繁殖。

（3）杀虫剂的广泛使用。杀虫剂会直接伤害萤火虫，也会破坏萤火虫的栖息环境，更会影响它们的食物链。因此，人类使用杀虫剂也极大地威胁着萤火虫种群。

萤火虫是仲夏夜里飞舞的小精灵，也承载着很多人童年的记忆。保护萤火虫已经刻不容缓，不要让萤火虫只能出现在绘本里。让我们一起保护环境，留住这些美好的生灵，留住萤光点点的自然美景！

图书在版编目（CIP）数据

奇趣生物馆 / 中国科普研究所科学媒介中心编著. -- 北京：朝华出版社，2024.4
ISBN 978-7-5054-5004-2

Ⅰ. ①奇… Ⅱ. ①中… Ⅲ. ①生物—青少年读物 Ⅳ. ①Q-49

中国版本图书馆CIP数据核字(2022)第013721号

奇趣生物馆

编　　著	中国科普研究所科学媒介中心
选题策划	袁　侠
责任编辑	王　丹
特约编辑	刘　莎　乔　熙
责任印制	陆竞赢　崔　航
封面设计	奇文雲海 [www.qwyh.com]
排　　版	璞茜设计 2815932450@qq.com

出版发行	朝华出版社		
社　　址	北京市西城区百万庄大街24号	邮政编码	100037
订购电话	（010）68996522		
传　　真	（010）88415258（发行部）		
联系版权	zhbq@cicg.org.cn		
网　　址	http://zhcb.cicg.org.cn		
印　　刷	天津市光明印务有限公司		
经　　销	全国新华书店		
开　　本	710mm×1000mm　　1/16	字　数	130千字
印　　张	10		
版　　次	2024年4月第1版　2024年4月第1次印刷		
装　　别	平		
书　　号	ISBN 978-7-5054-5004-2		
定　　价	49.80 元		

版权所有 翻印必究·印装有误 负责调换